THINK SMARTER

Critical Thinking to Improve Problem-Solving and Decision-Making Skills

MICHAEL KALLET

思辨的檢查

有效解決問題的
終生思考優化法則

麥可．卡雷特——著
游卉庭——譯

獻給家父史尼・卡雷特（Sidney Kallet），
他習於思考，也善於思考。

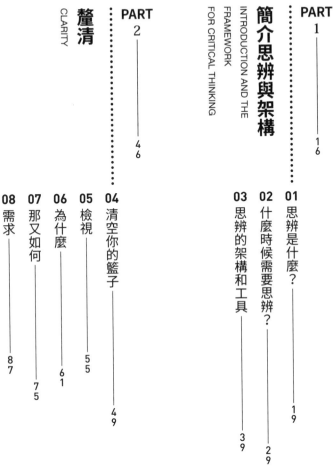

PART 3 下結論 CONCLUSIONS

PART 4

下結論與創新思維

CONCLUSIONS AND INNOVATION

PART 5 決策 DECISIONS

前言

成為「更會思考」的人

「思考」是每個人用來解決問題、決策、產生新想法和發揮創造力的一個過程，《思辨的檢查》這本書就是為了回應「我們如何更有效地解決問題、做出決策和發揮創造力？」這個問題。

事實上，這問題應該這樣問：「如果思考是用來解決問題的，那我們該如何改善思考模式以解決更多問題？」因為我長年幫助別人解答此疑問，所以才產生寫這本書的想法。

經常有人問我，「是否真能教別人變得更聰明？」答案是得看你如何定義「更聰明」，如果你是指增加智力商數（IQ），則答案或許不太可能，但如果是指「將智商運用在成功解決問題和更好的決策」上，則答案絕對是肯定的。

「思辨」（Critical Thinking）並不能使人更聰明，而是「運用工具和技巧來更有效率地思考」；思辨不會增加智力商數，但它可幫助人類有效運用自己的智商，更有效能地解決問題；思辨可以提升每個人的能力，同時改善個人或組織的整體工作表現。

為何要撰寫此書？

個人電腦革命開始時，我曾在軟體開發公司快樂地任職一段時間，之後還曾在一家迅速竄升的網路公司擔任技術營運部門的主管。

二〇〇三年我在另一個變化快速的企業裡工作，當時我在某家電信公司擔任資深主管，有次我與公司裡二十位主管級同僚坐在會議室裡，共同在一場策略會議中構思一個「第一階段的五年計畫」。當時有個問題是：「我們希望公司在五年後的今天會變成怎樣？」

結果在一陣熱烈討論「（公司會在）夏威夷設立高爾夫海灘度假村」的玩笑話後，話題突然變成「我們要如何變成市值超過十億美元的公司。」就這樣，一幅有趣的曲線圖出現了，當時公司營收一直不太好，圖上的曲線下滑來到當時每年營收四億美元的紀錄，突然曲線被拉起，攀升至十億美元的端點。整場會議上我們從未討論過，是否要成為最好的電信公司、發展獨特的解決辦法、擁有最快速的通信網絡、達到最好的客戶滿意度，或是成為收益最好、工作環境最好的雇主等議題；相反地，我們拍板決定是否要成為市值十億元的公司、一定要賣出多少這或那個產品，還有要將產品引進一定數量的城市。總的來說，在那場會議上，我們並沒有討論到如何改變營運方針，或是如何讓下滑的營收曲線快速攀升的方法。

正是此時，我坐在椅子上問我自己：「這房間裡包括我在內的所有人，是否認真思考過？」

會議結束後不久，我便開始想「思考」這件事。

經過不少研究，我發現一個成功的企業通常要具備兩種要素，第一便是堅持不懈，通常一家穩定經營的公司都喜愛「總是有辦法的」的說法；第二種要素便是好的思考，也就是抱持踏實、努力、蓄勢待發且非「理所當然」的想法。我在自己的職涯中發現，當人認真思考某件事或提出問題時，儘管他們知道答案，但他們會傾向找出新的解決辦法、新的決定或實踐某項創新提案，雖然這類新作為不是每次都奏效，但也經常成功。

儘管「堅持不懈」是邁向成功的重要因素，但我個人決定轉職在「專心思考」一事上。二○○四年秋天，我創設了HeadScratchers公司，主要是想幫助客戶——不只是高階主管、還有個人、基層主管以及各管理職務人士成為更會思考的人，也就是更好的紓困者、決策者和創新者。我希望HeadScratchers這家公司可以從傳統的學術思維，像是邏輯、推論和邏輯代數等許多思想學派學者等提出的觀點中採用不同方法。

本書主題多是以解決企業的困境為目標，針對那些現實世界中真正需要工具箱和工具來解決問題的人而寫；目標讀者是沒有時間或根本沒興趣了解左／右腦，或神經科學等主題的商界人士；而目的是要提供、訓練或指導商業人士找出可自行或與他人一起運用的技能，使他們在問題處理、決策或發揮創意力上能再周詳一點。

同時，HeadScratchers 也是間提供訓練、指導和互動式課程研討的公司，並致力在商業用途的思辨力上。二〇〇六年我們開設第一場課程研討會，主題是「解決問題和決策技巧必要的思辨力」。

這本書要給誰看？

你可能會想，閱讀這本書會不會浪費你的時間？這時請你想想：「思考是做任何事情的基礎。」不論你是初學者、成功的問題解決家或決策者，你曾否想過，假如有另一種點子、技巧或工具，或許能讓你對某項議題、目標、問題或決定會有截然不同想法呢？如果你對這件事的反應很正面，那這本書是為你準備的，讀完本書，你或許可以避免犯錯、碰到新的機會，或者能更快更好地完成想做的事。

為什麼你應該讀這本書？

我認為提出「你應該要閱讀這本書」的說法可能太自以為是了。但老實說，這本書真能讓你在解決問題、決策和思辨力上收獲不少，未來你在閱讀思考相關的書籍時，你會想到本書與思考相關的內容，如此一來，你可能想到至少一種想法、點子或可以運用在日常生活中的思考上，而你的思考能力就會改變，接著有所改善。

那——為什麼是這本書呢？因為《思辨的檢查》並非只關乎理論，而是講述生活中實際能運用到的工具、技巧和練習，它能讓你改變能力，並確實運用書中所學的部分。我們將會介紹許多務實、直接與商業相關並能實踐運用的方法，並佐以案例幫助了解。別擔心，你不用將神經科學之類的討論轉譯成日常生活中的現實議題。

那麼，讀這本書對你會有什麼收獲呢？你將了解「思辨」並非難事，還可學到如何使用，以及在什麼時候使用它。你也會知道，如何將思辨力運用在每天的工作上，好處理種種策略性問題和決議；你可以在現有的「思辨箱」中不斷增添新的工具，同時了解如何跳脫框架思考，以及如何協助其他人也這樣做；此外，你也可以分辨得出「操作性思考」和「自發性思考」，主動提出具有建設性的問題。

經過 8 年指導他人培養思辨力後，我學到了什麼？

- 任何人都能成為思辨者：儘管有些人更具備思辨式的思考模式，甚至能夠將思辨力運用得比別人好，但其實任何人都可在處理問題時改善思考的方法。
- 我們都需要訓練：我們每個人都有能力進行思辨，但正如同其他技能一樣，需要有人指導方能學會。

- **我們都忘了如何思考：我們多半處在自發性思考的模式，也因而常常忘了告訴自己：「慢著！或許我應該再想一下。」雖然我以指導他人思辨來過生活，但連我有時都會忘記在適當的時機使用它。**
- **我們需要練習：就像任何新學到的技能一樣，必須熟練方能生巧。練習不用花上很久的時間，只要在你構思每日要做的事情時，多花幾分鐘思考就行，其實你只需記得思辨即可（見前項）。**
- **必須要有學習思辨的需求：學習思辨可能是因為想精進自我、尋求更多責任或單純想升職，你也可能正面臨危機或必須得完成某個目標。抑或是整間公司的方針，還是你想有所突破、想生存下去、或是想做件完全不同的大事。我們可以在後面章節再來討論。**

如何閱讀這本書？

其實你不需要按部就班、從頭讀到尾，更不必一一讀完全部。如果你已經大概知道什麼是思辨，或是了解思辨之所以重要的原因和思辨帶來的好處，那你就可以直接從本書第三章〈思辨的架構和工具〉起頭，看完這篇後再讀其他部分諸如〈釐清〉、〈下結論〉和〈決策〉等篇章；之後你可以隨意跳著看，或是按次序進行。在〈下結論〉這一部，請你先閱讀第十五章〈一切都跟前提有關〉，因為一切都是以此為基礎。

就這樣吧，好好享受囉！

PART 1 簡介思辨與架構

INTRODUCTION AND THE FRAMEWORK FOR CRITICAL THINKING

這一部我們要介紹一些定義和用語，包括何謂思辨，還有如何從自發性思考中區分思辨。關於思辨的好處我們會一一列舉，並討論何時可以在工作上使用思辨。最重要的是，我們會介紹思辨的架構引導你逐步實踐。

這整本書內會經常出現類似「傷（動）腦筋的問題」這句話，當你碰到難以決定、需要解決的狀況、面臨要完成的目標或想獲得某樣東西時，可能不用多加思考就會聽到「那真的很傷腦筋」這種說法。

所謂「傷（動）腦筋的問題」是指：

- **無法用現有方法解決的問題或議題**
- **無法用現有解釋可以說明的結果或觀察**

・沒有明確管道可以到達的目標

如果你已經了解思辨是什麼，也知道它的好處和使用的地方，而且你也想跳過這幾章不看，那就直接從第三章我定義思辨架構的〈思辨的架構和工具〉開始吧；若你尚未清楚何謂思辨，請從第一章〈思辨是什麼〉開始，從中你能了解何謂思辨、思辨的好處以及許多工作上能獲益的部分。

Chapter 01
思辨是什麼？
What is Critical Thinking?

思考是人類做任何事情時的基礎，我們任何舉動、辦法和決定都是思考過後的結果。像是午餐要吃什麼？如何完成計畫日程表？要在談話中說什麼，這些事都需要思考。開車的時候需要思考（雖然我們並不常思考駕車這回事），但我們總是不斷在思考，儘管大腦不是總裝著有用的東西，但它也一直處在就緒狀態，就算我們睡著，我們也仍在思考。

思辨是用不同的方式思考，很多人會用分析、深思熟慮、存疑、刺探、理性、規劃、創新、蘇格拉底問答、邏輯、方法論、非理所當然、檢測、細節、鉅細靡遺、跳脫框架、科學和程序等字眼來描述這段思考過程。或許你也已經聽過，甚至也有用過這些字，但這些字詞的意義究竟是什麼？

有些人解釋「思辨」為「更聰明地思考」，我則認為應該是「傷腦筋的問題」，不過多數人都同意思辨並非是生活中自發性、沒認真想的那種思考。

更明確地說，思辨是：

- **操作式思考（非自發性）；**
- **有目的性；**

- **了解平常思考的偏好；**
- **一段過程，而且是**
- **需要工具的思考。**

以上各項的說明如下：

思辨是種操作性而非自發性的思考過程。先來談談「自發性思考」這種我們最常做的思考方法吧，你是否曾有開車上班但不記得怎麼到公司的經驗？還是本來想在下班回家的路上到超市一趟，卻在到家後才發現忘記去超市？或許你也曾發生把鑰匙拿出來擺著，卻在幾分鐘後忘記鑰匙擺在哪？自發性思考就會出現以上情況，你是在思考沒錯，但你並不知道自己在想什麼。

接下來，請讀讀本頁下方的短文：

你或許正為能夠讀懂這篇錯字連篇且亂七八糟的短文而感到驚訝，而且你發現只需要每個字的第一個跟最後一個字母就可完成正確的文句；而這就是大腦正在進行「自發性思考」的例證。

> You might tnihk i'ts aaminzg that you can raed this with vrlialuty no diluftficuy even tuohg the ltetres are mxeid up. It trus out that all you need are the fsrit and lsat leetrts in the crocert pcale. This is an eaxplme of your barin rnuming in aoumtatic mdoe.

你怎麼做到的？每當我問這個問題，我都會聽到「因為我看得懂我孩子傳的簡訊」，沒錯這可能是原因，但你究竟如何唸出來的？如果英文是你的母語，說不定還能唸得與拼字正確時的一樣快。

當你閱讀這篇亂七八糟的短文時，大腦會同時做很多事來協助你，其中一種就是「模式識別」（pattern recognition）。人類的大腦是一臺非常強大的模式識別器，你和某人交談時預想到他會有什麼反應——這就是一種模式。我們認識的東西很多，像是地點、人物、聲音和氣味等，當你開始閱讀短文時，大腦便開始自動排列文字，直到你讀到"tuohg"這個拼錯的字，它既少了一個字母且根本是亂拼，但大腦卻可以識別，並自行搜索所有類似"tuohg"的字，甚至會從可能的句子中搜尋。這種過程叫做「情境識別」，指涉的是此情境中，即句中符合句意的部分，我們的大腦對此非常在行；因此，我們的模式識別行為是由情境識別相輔，使我們能順利讀出上方的短文，可是如果是挑錯字呢？那你能否在閱讀時就找出來？多數人無法順利挑出"tuohg"。

試試接下來的這個小練習：15秒內在本頁下方的短句找出有幾個F。

> FINISHED FILES ARE THE RESULT OF YEAS OF SCIENTIFIC STUDY COMBINED WITH THE EXPERIENCE OF YEARS.

你找到多少個「F」？三個？四個？還是五個？我每次課程訓練上都有這個活動，大概會有三分之二的人找出三個，而剩下的人會說是四個或五的，更少的人會說找到六個。事實上總共有六個「F」，如果你找不到，請記得算上出現不少次的「OF」。

「F測驗」只是證明我們的大腦在自發性思考時會落掉訊息的例子，而我們經常在做這類的事。你會丟棄主管告訴你的訊息，會遺漏部屬呈報的資訊，會將伴侶提醒我們的重要事項忘掉（之後再受責罵）。為什麼我們會將訊息丟失呢？因為我們的大腦被龐大的各種訊息同時轟炸，只要一張開雙眼，每一秒鐘都有無數筆訊息片段進入大腦；就好比耳朵這個器官無法關閉，但你卻可暫時停止呼吸；為了能更簡單處理所有的事，大腦會將看來不重要或是已知的訊息摒棄不用，但，問題在於它不會通知你有哪些訊息不要，它就直接這麼做了。謝謝你啊，自發性模式！

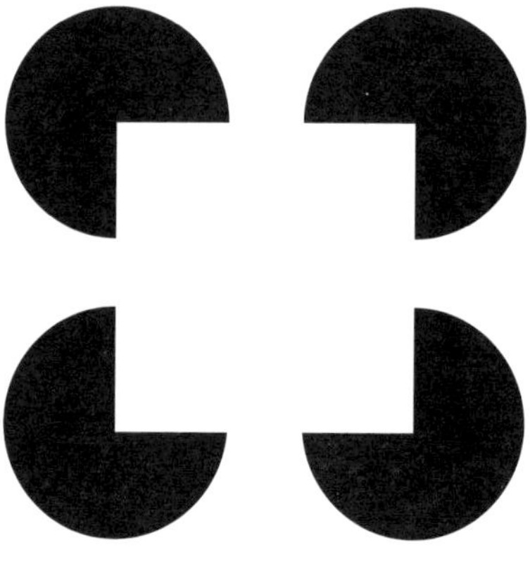

再來試試看這個：右頁下方這張圖，你會先看到哪個形狀？是不是正方形？是吧？但實際上根本沒有這個形狀，正方形是由缺角的圓形圖案塑造的，如果你把圓形圖案拿走，你會發現根本沒有正方形。這個測驗讓我們知道，自發性思考時會自圓其說，也就是說，我們的「推論」不會都是對的。

大腦的自發性思考對引導思考助益甚大，但不說你不知道，自發性思考也會丟棄、曲解並創造新的資訊。雖然這種方法在如開車上班的情況下是有用的，但這種功能可能也是種缺點，當你必須思考一件重要的事情，你就不會想用自發性思考，而是操作性思考——也就是思辨了。

思辨多半是有目的的。當你開始考慮特定情境，潛意識中就會想盡辦法跳脫自發性思考的模式，此時你就會以思辨做不一樣的思考，並知道自己在想什麼，而且是有目的的思考。舉例來說，第一次學習某樣事物時你會非常專心謹慎，並仔細地聽講來決定自己是否了解，這時你明確地知道，你的目標就是要學習。

思辨也是在了解我們平常思考時的偏好。在我詢問人們「何謂思辨」時，許多人都假設思辨就是理性的思考，如果人類真能做到這點的話那就好了，但正在閱讀此書的你絕對是人類，而且是有情緒、偏差和偏見的人類，這些特質都深根蒂固地存在我們的價值觀中，雖然我們自己很難發覺到這點，卻很難忽視這些價值的存在。每個人的價值觀是個人的一部分，當你讀到後面章節，會更了解這些價值在結論上會扮演重要角色；當然，你無法做到完全公正，但你至少可以知道自己偏好些什麼，並且會如何影響你的想法。

思辨有架構和工具。這個架構包含三個步驟，而工具箱內有各種思辨的技能可以用在這些步驟上，引導你做操作式思考。

思辨的好處

利用思辨可以大幅改善問題解決和決策的技巧，你可以藉此做出更好的決定，想到更多更有創意的解決辦法，還能享受快速有效的成果。思辨帶來的益處包括：

- **清楚了解問題或情況**
- **快速準確的總結問題和做出良好決策**
- **找出更多種解釋和辦法**
- **識別更多機會**
- **避免犯錯**
- **考慮縝密的策略並能避免困境的提早發生**

思辨能影響思考過程中的三個面向，以獲得上述益處，我會接著詳細說明。

思辨讓你用不同的角度看事情

我們通常會從特定的角度來看問題，這代表在理解問題的過程中，你用的都是一貫的方法；但當你用思辨工具以不同角度看待問題時，就會有新的想法跟解決方法。

假設網球鞋上的鞋帶斷了，如果你只是想快點修好它，就會在兩端斷掉的地方打上一個結，然後應急地在鞋上綁緊；但如果你不僅想修好，更希望能繼續使用，你乾脆就會換一條鞋帶，甚至如果你覺得這雙鞋很舊，穿起來也不再舒適，就會重新買一雙。

工作上，許多客戶可能會打電話來要求降低服務費，如果不惜任何代價都要留住客戶的話，你或許會給他們折扣；但如果你的目標是「什麼樣的產品就該有什麼樣的價錢」，你或許會以客戶沒聽過的說法來說明服務品質多好，而不是直接給予折扣。

又比如在你管理的部門裡，某日突然出現差錯，如果你覺得這只會暫時影響工作，就會要求職員今天待晚一點，或是找一個短期的合約雇員來幫忙；但如果你覺得工作量可能因此而長期增加，就會選擇招聘一個新的全職員工。

以上看來，看待問題的角度不同，往往就會有不同的解決辦法。

思辨可避免曲解想像

本章前面你已看過了那張圖例，了解我們的大腦會隱藏資訊、圖像，並在自發性思考時出了問題。當自發性思考的大腦試圖將新訊息與已知的部分相比，描述和情境的解讀就會有很大的不同。舉例來說，你可能會誤解某位客戶的要求，因為你自動想到最近你才碰到的類似案例，你自認清楚狀況，但實際上並非如此。利用思辨來了解你正在思考的事，可以降低曲解的程度，還可重新檢視情境。

當你尋求某項事物的真象，有多常會以先前的類似經驗來回應呢？如果沒有仔細檢視，你或許會不知道眼前情況與先前的不同，甚至連解答也不一樣。如果你擔任會計的職務，就會很習慣接到供應商打來要求「儘快付款」，等到下次你接到要求儘速付款的電話時，就可能會自動回答「很抱歉，依照公司政策是在四十五天內支付」；但是若供應商早在四個月前提出報價，可能是公司內部出錯，而你知道這個情況，便會說「很抱歉，我們會儘快處理付款事宜，五天內您即可收到此款項。」

思辨提供可深入思考的架構

架構能幫助我們深入思考，它的兩大優勢分別為協助我們組織引導思考，並讓我們更專注於外在輸入的訊息。

- 整理正在想的事：我們經常雜亂無章地思考，使我們常常得重新想同樣的事，而忘記已經理出頭緒、預設或已決定的部分，而思辨可以協助我們整理好這些思緒。
- 整合其他人的想法：思辨的另一項重點就是能夠讓我們聽別人解釋他們的想法，這背後也代表有兩件事在同步進行，第一是你知道有其他人正想辨法幫你解決，畢竟你不可能總是想到好的辦法，第二是在你聽取他人意見時，也同時刺激你再做思考，因此如果沒有這段互動，你便永遠想不到新的想法。

・思考優化重點・

思辨是一種目的取向的方法，好改善我們自發性思考及平日習慣的思考能力；思辨也是需要架構和工具來組織的過程，其優點是改變我們看待事物的方法、組織想法，還有幫助我們吸收他人的想法；思辨還可刺激新的想法形成，避免曲解情境的發展，使你改善問題解決和決策技巧。

Chapter 02
什麼時候需要思辨？
When to Use Critical Thinking?

前一章簡述了思辨帶來的好處，既然思辨優點這麼多，我們似乎更該時時使用思辨，然而儘管思辨的確很有用，也可應用在各種場合，但時常應用思辨卻未必是好事，因為不止是「在哪使用思辨」很重要，「使用思辨的時機」也不可等閒視之。

要在特定情況中判斷何時要運用思辨，有一個簡單的判定方法，也就是在問題、計畫、目標或條件（等傷腦筋的事物）會產生重大影響的時候。換句話說，就是當結果可能會對工作或個人生活有重大影響，這時就是使用思辨的時機。

以下分別是三組可以適時使用思辨的舉例清單，第一組是高階商務會議，第二組是特定的工作議題或目標，而第三組則是可完成工作目標的平日活動；當你學會思辨的工具，便能添加到這些清單上的相關類別上。

清單一：從思辨獲益的商務會議

- 帳戶管理
- 自動化

- 編列預算
- 自行開發 vs. 購買
- 競爭力分析
- 合約
- 成本降低措施
- 危機管理
- 改善顧客關懷
- 顧客維繫策略
- 發展流程
- 診斷
- 員工領導發展
- 員工生產力
- 財務決策
- 人資議題
- 資訊系統

- 庫存管理
- 投資管理
- 合併與收購
- 產品發想與創建
- 作業程序的效能
- 外包 vs. 內包
- 合作企業相關事務
- 產品管理
- 產品行銷
- 專案管理
- 提案評估
- 品質確保控管
- 資源管理
- RFI（系統資訊需求書）、RFP（建議需求書）和投標
- 營收產生策略

- 風險管理
- 銷售與行銷手法
- 短期與長期商業策略
- 空間規劃
- 系列規劃
- 工作協調
- 資訊科技設備
- 時間、成本和資源規劃

清單二：應使用思辨處理的特定商業議題或目標事例

如果你要了解尚未釐清的狀況，例如：

- 推銷活動如火如荼地進行中，但銷售總額卻績效平平。
- 客戶關懷電話的數量因不明原因減少。
- 製造過程連續出現沒有辦法解釋的問題。
- 預期客戶對產品很有興趣，可事實上很少購買。

- **工作成本增加，但卻沒有增加產量。**
- **專案計畫有指定日期和交付事項，但員工卻未依照時程表完成應做任務。**
- **工作量出現沒有任何原因的變化。**
- **追蹤的計量無法成功改善或預測結果。**

為了找出某個事件的原始肇因，你要求做根本原因分析（root-cause analysis），卻出現意想不到的結果。像是：

- **庫存與使用的部分，與最終完成的產品不一致。**
- **已出貨的產品或已完成的服務，與帳單或營收不符。**
- **兩人使用相同資料卻有不同結果。**
- **資料的總結出錯或不對。**
- **某個測量或企劃的曲線圖上出現巨幅的下滑圖示。**
- **顧客回報錯誤率與你估計的機率相差很大。**

如果你想要改善某件事：

- 減少百分之二十五關懷顧客的成本，並同時增加顧客滿意度。
- 增加生產量。
- 改善所處部門與其他部門的溝通協調。
- 決定如何讓行銷策略更有競爭力。
- 企業拓展。
- 減少百分之二十五的成本。
- 尋找並招募更多合適的雇員。
- 針對日益增加的醫療照護成本作出相關決策。
- 縮短三分之一的發展時間。
- 減少百分之二十的 MTR（平均修復時間）。
- 將訂單到貨時間縮短一半。
- 提升產品品質，以達到客戶滿意度百分之百。
- 提升廣告行銷的結果。

如果你期望某件事未來有更好表現，可以想想：

- 公司的主要競爭對手剛發表了一項新的服務，我們要如何打造出比它更好的產品？
- 兩位重要員工同時離職，現在該怎麼辦？
- 為公司帶來最多營收和利潤的傳奇性產品，如今卻出現高磨損率，我們應該如何處理？
- 我們要如何避免這類（可填入任何不好的事件）再次發生？
- 我們如何再次完成同樣的成果？
- 我們該自行開發路線還是參考別人的路線來拓展服務範圍？
- 針對擴增策略我們要如何籌措資金？
- 就目前的預算看來我們要如何完成目標？
- 我要如何在事業上有所進展？

清單三：思辨能夠帶來助益的特定日常活動

- 組裝或修復某個東西
- 參加會議
- 評估風險
- 輔導訓練

・組織集體研討會
・設計和解讀調查問卷
・設計簡報
・加入融資企劃的活動
・投身一對一談話
・評估提案
・做出贊不贊成的決策
・組織整理
・計畫自己的時程表／工作年曆
・準備演講
・區分優先順序
・閱讀（你是否有認真留意劃線字的真正含義？）
・複查合約
・複查試算表
・訂定目標

- 訂定計量方法
- 指導教學
- 寫作（電子郵件、方針、提案、報告等）
- 撰寫與設計工作表現評估表

・思考優化重點・

思辨雖可應用在工作或日常生活上，但仍需審慎選用——當事件後果可能造成重大影響時，就是你使用思辨的最好時機。

Chapter 03 思辨的架構和工具
The Framework and Tools

這一章我會介紹一個簡單的思辨架構，來幫助你完成思辨的過程；而這個提供相關工具和技巧的架構，是由釐清、結論和決策這三大要素組成的。

釐清

計畫、方針、問題解決、決策或策略這類事物之所以讓人傷腦筋，最重要的原因就是這些包含發生的場景、問題所在及最終目標的事情，一開始就不明確。釐清讓我們得以定義議題、問題或目標的真正涵義，比如說「我們需要改善我們的服務品質」，比起這句普通、空泛的句子，清楚明瞭的說明應該是「我們需要減低我們產品的不良率至百分之一。」

結論

當你清楚知道是什麼問題後，必須想好要怎麼辦。結論就是解決相關問題的辦法和一連串（要做的）行動，例如「要減低產品不良率，我們會在送貨前增加一次測試產品的機制。」

決策

當你已經做出結論，就必須確實地作出決定並有所行動，像是「副總經理已經同意實施在送貨前做產品測試，我們將於明早開始測試。」

大部分的人被問到問題解決或做出決定的問題時，會將結論和決策兩個步驟合併在一起說「我需要決定做什麼。」但是將結論與決策兩者分開是很重要的，因為每次的思考過程都不一樣，舉例來說，你可能列出工作要做的事項，但你還沒決定是否要做，因為如果你行動了，這些事項就不會列入「要做」的清單，而是被擺入做完的清單。雖然你可能很有責任感，會同時想好解決辦法或結論，但決策者可能不是你，而是你的老闆。

復習一下，思辨的架構有三個步驟，正如下頁圖表3.1所示。

- **釐清：清楚了解議題、問題或目標所在；我的公司稱問題為「傷腦筋的事」。**
- **結論：將傷腦筋的事情釐清後，思考該怎麼辦，找出解決問題的辦法。**
- **決策：針對每個可能的結論決定要做或不做、實施與否或贊不贊成。**

這種過程與我們平常的思考有什麼不同呢？遇上新事物，你通常會問一些問題（釐清），思考之後會想出一個辦法（結論），最終你會做出決定再行動（決策）；但思辨的過程是不一樣的，

圖表 3.1 思辨過程的三個步驟

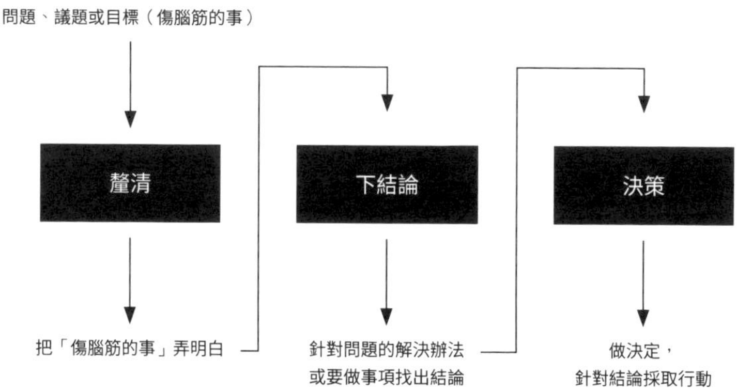

以下將會說明。

一般的自發性思考多半不會留意釐清而直接思考，我們只會花點時間在上頭，接著就直接跳到結論，隨即作出決定，但這會花很多時間在反覆推敲上，為什麼我們不願花時間在釐清問題上有四點原因：

我們被告知不要想太多：我們因別人要求而做，還會做得很快。想想從小到大，從幼稚園到高等教育中碰到的考試吧，這些測驗變成你面對問題時的處理模式，四種選項中只有一個是正確解答，你要儘快選出正確答案，才能回答下一題。但是世界的運作根本不是如此，當你碰上問題時有很多種方法來說明，你必須比較這些方法，因應情況選出最適當的解決辦法，並說明原因。雖然學校給我們的知識非常受用，但他們卻未指導我們如何思考，我們只學到如何快速答題而已。

沒有人付錢讓你思考：因為我曾擔任過主管，所以我曾對無數人說：「我付薪水是讓你用腦思考的。」但這句話實際上是要他們做完指定的工作。思考的確會幫助我們做得更好，但拿人薪水則是要運用思考來獲得明確成果，如果老闆在星期五下午問你：「你這禮拜做了什麼？」，而你回答：「嗯……我想了很多事」，你覺得老闆會如何回應？這種情形通常結果不會多好。

完成任務後你個人會很有成就感，但完成思考不會有成就感：人不會在列必做清單時感到快樂，反而是在劃掉事項後才會開心；事情完成時你會開心，而不是你在思考何時要做的時候。

你發現許多原本不知道的事：這點看來似乎是好事，但仍凸顯出你的無知，或是學識不足的一面，當然這沒有什麼不對，這只是我們學習新知識的方式；但是有許多人對這點非常感冒，他們不喜歡讓別人（尤其是主管或同儕）發現，他們有不知道的事。

以上幾點原因說明，自發性思考時，你在釐清問題和思考階段上花的時間有多麼少，而且你會儘快找出解決方法。此時通常有幾個結果，但你會希望最好不要出現：你打錯電話，花了超多時間想搞懂發生什麼事，然後發現自己對目前情況其實一知半解，或者你解決的是另一件事，最後必須重新再來一次。這樣一來，你浪費了很多的時間、金錢及心力。

圖表 3.2 自發性思考 vs. 思辨

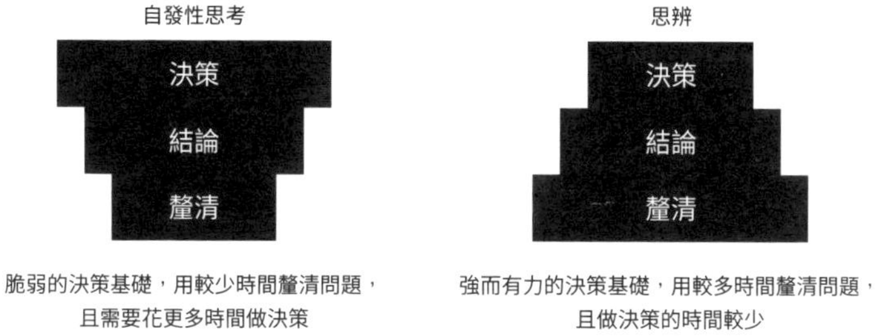

脆弱的決策基礎，用較少時間釐清問題，
且需要花更多時間做決策
強而有力的決策基礎，用較多時間釐清問題，
且做決策的時間較少

思辨需要在釐清問題的階段上花較多時間，還要配合使用工具，如此一來，你便能更快且更準確地找出結論，接著就能更快地作出決定，因為這個階段在思辨就是要做不做的問題而已，當事情進行到這裡，就代表差不多要完成了。

想想以下的案例，你準備要蓋一棟建築或烤一個蛋糕，上面圖表3.2中那一個圖形會是你要用的？

雖然思辨期間會花較多時間在釐清上，但這樣一來，最終做決定的時間是相對較少的，因此解決問題的速度會加快，想出來的辦法也會有所改善。

最後，再請看看下頁圖3.3中在「釐清」、「結論」和「決策」周遭的空間，被「發現、資訊和想法」填滿，而這些概念的意義，包含問問題、探討想法、聽取回應以及建構研究。

現在，是時候說明重點了，第二部就讓我們從釐清和釐清問題的工具開始吧。

圖表 3.3 思辨的架構

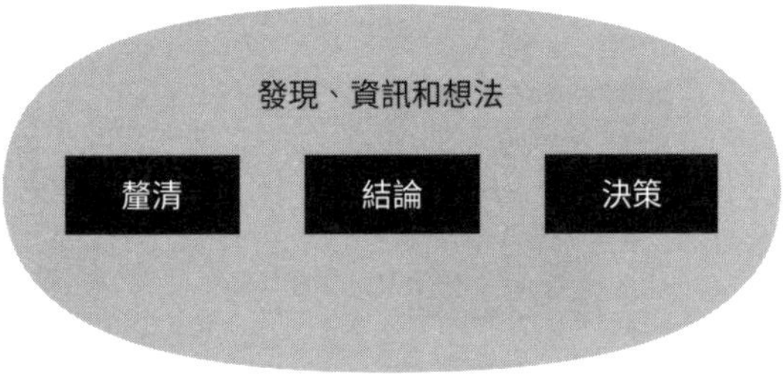

・思考優化重點・

思辨的架構很簡單：

釐清：對傷腦筋的問題有清楚的理解。

結論：為傷腦筋的事找出解決辦法。

決策：針對結論有所行動。

在釐清、結論和決策這三個主要核心中，有許多重要的思辨工具和技巧可以引導思考，當你練習運用這些工具，問題解決和決策技巧就能有所改善，還可以直接找到更佳的問題解決、決策和更有創意的成果。

PART 2 釐清

Clarity

釐清是思辨過程中第一個且最重要的一步，也就是要理解你正尋求解決的主題、問題、目標或是對象。如果理解不夠清楚，你就得冒著處理錯誤的風險。

舉例來說，你現在必須解決客戶的疑慮，但如果你搞不清楚客戶遇上的問題又該怎麼辦？你可能會花很多時間及心力，試著解決一開始就弄錯的問題，雖然客戶還是感謝你的鼎力相助，但你終究沒能解決令客戶傷腦筋的問題。

再來一個特別的例子：現在是星期一早上十點，你人在洛杉磯，準備搭一班十一點半出發到達拉斯的飛機，星期二早上七點半有場你必須參加的會議。此時你聽到廣播：「各位乘客您好，本班機因機械故障問題而被迫取消……」隨即其他兩百位乘客加上你，不約而同跑到櫃檯前。

排隊中的你恍如等了一世紀，終於輪到你的時候，櫃檯人員很有禮貌且善解人意地說：「您好，我們已主動幫您處理，您可搭乘明早第一班飛機前往達拉斯。」

此時你答道：「這行不通，我明早七點半就有會議要開，有辦法讓我今天就到達拉斯嗎？」

服務人員說：「有一班五十分鐘後飛往芝加哥的班機，您可以轉乘下午五點半從那出發，晚上八點抵達達拉斯的班次，這樣的安排可以嗎？」

「沒問題！」

雖然服務人員一開始就提出一個方案，但你的問題根本不在那，而是想要今天就到達目的地，以便能（1）補足睡眠，以及（2）準時參加會議。

如果沒有理解問題，就會有重做一次、做錯甚至是表達問題後，但實際上根本沒有成功解決的風險。

本部分我們將會介紹共十種工具，好讓你可以清楚問題在哪。我們舉出的各個案例中，你可能一次只會使用其中幾種，或是有些工具你比其他人更常使用，經過練習後，或許也會喜歡其中幾種；總之，會用多少或哪種工具都不是最重要的，主要的目的是懂得釐清，我們會一一說明每一個工具，並提供例子讓你在工作時可以應用，每個章節結束時也會有小練習，而本部分的最後一章，則是總結釐清和所有提過的工具。

・思考優化重點・

就算你認為早已準備好面對問題，還是請再花一些時間弄清楚要解決的問題。小小投資在釐清問題上，可以讓思辨過程省下許多時間和不必要的精力，因為這個步驟，能夠降低你因搞不清楚狀況得從頭來過的可能性。

Chapter 04
清空你的籃子
Empty Your Bucket

什麼是「籃子」？

我想介紹的第一個工具，能讓你在思辨和釐清上快速抓到要領。我們都有一個「籃子」，裝滿了經驗記憶，即過去的計畫、與他人的互動，或是問題解決的嘗試。當你遇到一個類似經驗記憶的狀況時，先想到的多是負面印象的那個，特別是為何之前無法成功、或過程中你碰到阻礙的那些經驗。左邊的圖表4.1是一般籃子的樣貌。

關鍵在於：塞滿的籃子裡沒有空間能思辨和發揮創意。在籃子中，你無法從記憶的角度進行思辨、或是創造新想法，因為籃子全都裝滿了之前的重要經驗，影響結論的生成方式。如果將籃中曾有的經驗用來當做思考的起點，那結論就會因這些經驗記憶產生很大的偏誤，致使結論的內容變得狹隘；但是如果能學會忽略籃子中的內容物，就有機會創造出新的結論。

圖表 4.1 塞滿的籃子

去過了、 早完成了！
優先順序、策略和 計畫出現矛盾
資源、時間和 預算不足
其他部分

比如說，高階主管將某個企劃列為第一優先任務處理。你可能有碰過類似的經驗，所以第一個反應便是「又來了，跟之前一樣，靜觀其變吧。」我們當然不會懷疑你的想法，因為你說不定完全正確，這種就是直覺反應，而且可能是正確的反應，你認為過幾天後這個企劃的優先性就會有所更動。

然而，假設這企劃真的必須優先處理，那你以過去經驗來預設立場就對你不利了。如果你把籃子清空，忘掉過去發生的事，然後仔細想一下問題，就會知道這次的狀況有何不同；要做到這樣，便是針對這企劃與其他企劃的相對重要性進行提問。

面對傷腦筋的問題時，我們一定要保持「一定會有辦法」的態度，雖然不是每次都有效，但只要願意相信就有機會找到方法。如果以裝滿過去未成之事的籃子及嘟囔抱怨的態度來處理問題，只會讓自己陷入更不利的狀況。

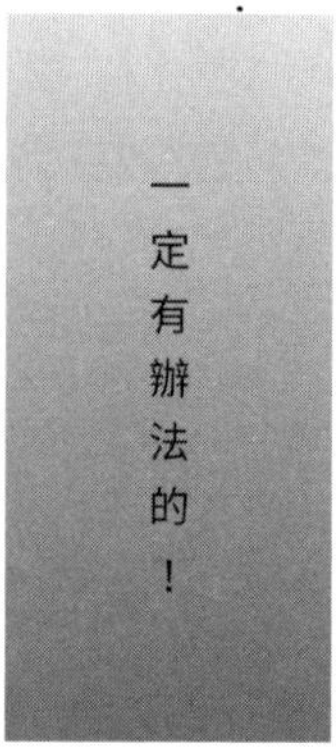

圖表 4.2 空的籃子

當然記憶無法抹滅，而你也不願這樣做，因為有太多美好的經驗讓你不想丟掉，而且還有許多有用的資訊能在未來用到；你需要做的就是了解籃子裡有什麼東西，以及這些記憶會如何影響你的思考方式。

至於要如何清空籃子，並避免那些經驗影響你的思考呢？一定會有辦法的，例如，想想過去你很在乎的人，或是任何一位健康亮起紅燈、經濟困厄、或是家庭或社會生存方面出現問題、但終究度過難關的人；或是癌症患者，想想看他必須忍受還要解決的問題。既然他／她能夠努力克服困難，儘管你偶爾必須使用籃子裡的工具，你也一定可以做到。

籃子裡或許有一些至關重要的事物，可能是某位商業夥伴曾背著你做了一些不好的事，讓你產生信任危機；或許是你的團隊曾經來不及完成一個計畫，導致超出預算的經驗。籃子裡的經驗記憶，並非全是容易克服的困難經歷，但若你想著「一定有辦法」而非「我做不到」，就一定有很大的機會能通過考驗。

從「清空籃子」開始做起

以下是一些可以清空籃子的狀況：

- **會議上：仔細聽對話。當你聽到「我們之前試過」或「又來了」等聲音出現，就是需要談一談的時候。或許可以試試「各位，我知道之前有過類似情況，可能這次也會是如此，但我們可以選擇坐在這自怨自艾，或是著手找出其它可行的辦法。雖然也有無法成功的風險，但我們或許有機會嘗試成功，而不是像上次一樣只是坐著討論為何做不到。」**

- 討論之前：做好討論的準備，不是以之前交惡的對談經驗，而是要有「這次肯定有效率」、「一定有所不同」的樂觀態度。
- 抑制第一反應：我們經常以籃子中曾有的經驗記憶解讀電子郵件、便條紙和討論，這樣的行為可能會產生兩極化的反應，不論是何種態度皆無法保證結果。記住，人的大腦會自動丟棄事物，使你對眼前狀況產生誤解，如果太過草率就容易失望；不過若因消極的態度而犯錯，就可能造成更嚴重的信任危機，因此記得要清空籃子後再面對問題。

・思考優化重點・

創意性的問題解決需要有開闊的思維、空的籃子和堅定的信念，堅持一定會有令人滿意的辦法；永遠不要放棄，堅持不懈，這樣就能有效地思辨，了解問題。

「如何清空你的籃子」的小練習

1. 碰到需解決的問題，或是正處於解決問題的過程中，花上五分鐘寫下你認為籃子裡可能有放且會影響你處理問題的所有東西，包括任何負面或正面的事物都要一一列出。

2. 想想上面列出的所有事物，並寫下這些東西之所以被放進籃子的原因，是什麼經驗或經歷造成這些事物出現？

3. 下一次會議中注意大家談話的內容，你有聽到其他人說出你籃子裡的東西嗎？要如何才能清空這些籃子呢？

4. 以下列的話分享或了解自己的籃子：「我曾經碰過類似的狀況，所以我才覺得應該要這樣處理。」一旦你熟悉自己的籃子後，你就能藉詢問來挑戰自己，例如「如果籃子裡沒有這樣東西，我會如何看待眼前的狀況？」

5. 有哪些生活中的故事或事件，讓你深陷泥沼時第一個想到？答案是讓你說出「天啊，如果我／它們能解決這個問題，那我就可以解決另一個。」的經驗，也就是說——「一定會有辦法的」。

6. 有人對你說「我們早就試過幾百次了。」你要如何回應呢？

7. 準備一段關於「一定會有辦法」的三分鐘演講，並舉出看似無法完成的目標，最終卻得以成功達成的三個案例，指出案例中當事人在最挫敗時，突然有人提供新的方法而得以解決困難的時間點。

8. 聆聽他人受挫時的表達，並將它記下來，自己寫下為何他們會如此想的原因，之後反問他們理由，如果你要幫助他人清空籃子，就必須了解裡面有什麼東西存在。

Chapter 05 檢視 Inspection

籃子清空之後，理解問題的下一個動作就是檢查，也就是決定問題裡所有的字代表的意義，確保要共同解決此問題的參與者都對問題的定義有相同認知後才開始運作。這個技巧雖然簡單，但在一群人對「較佳」、「更快」或「品質」等字下定義時，能產生更有效的討論成果。

舉例來說，你是否曾有過車上載人然後尋找停車位的經驗呢？當你四處搜尋停車位，也會同時留心走動的行人和其他急著想停車的駕駛，此時身旁的乘客突然說「那裡有一個位子！」你遂面臨了兩種情況，一是直接看往他指示的地方，或是反問他「那裡是哪？」如果他直接講明「右手邊那排有個空位，前面有四或五輛車的那一個」，這是最有效的方式；雖然相較「那裡有一個位子」的說法必須多花點時間講，但這樣的描述不僅清楚，也能使你更快地了解情況，進而順利停好車。

再來個一般企業用的例子：「我們需要提升服務品質。」幾乎每一家公司都會有這樣的工作目標，一起來仔細檢視「這句話」吧。

- 我們：我們是誰？你的小組？部門？還是所有公司裡的人？這有包括你的夥伴、賣方和供應商嗎？還是說，連客戶也包含在內？

從另一個角度想，你是否曾說過：「我們回家時要去倒垃圾」？這個我們是指全家人、你的另一半和你、其中一個孩子，還是只有你或只有你的另一半而已？如果你不太清楚我們指的是誰，任何人都會想到是其他人，在這個例子中，對於我們一詞的疑慮，最終的結果就是垃圾根本沒有倒。

- 需要：是需要還是想要？這兩者之間可有很大的不同。人類總是會用「我需要」或「我們需要」來替換「我想要」或「我們想要」的概念。思辨上我們會用必須一詞，因為這樣一來便很難將想要與必須搞混。後面會有另一個篇章專門討論需要這個詞，現在重要的是決定好，某件事究竟是「必須」還是「想要」；當然你想提升服務品質，但問題並不在這，而是：這種提升是必須的嗎？
- 提升：提升到什麼地步呢？你要如何評估品質是否真有改善？如果你無法評估，那你怎麼知道已經提升與否？假設每天你能夠手工做出一千個裝飾品，但其中有七十五個因瑕疵而被退還，這時你的主管可能會說：「我們需要提升產量」，之後就有人開始構思提升產量的方案。兩週之後，每一千個裝飾品中，因瑕疵而被退回的產品數平均有七十四個（從七十五減到七十四）；就技術層面來說的確是有改善，瑕疵品從七十五變成七十四個而已，但這應該不是主管想要的改善成果。如果主管當時有特別指示說：「我們需要將不良率降至每千個只有四十個有瑕疵」，如此一來目標不僅明確，員工也會根據目標設計適合的方案，來完成目標。

- 品質：品質的定義是什麼呢？答案取決於你如何定義它。如果你是小組成員之一，那就是小組一致同意的定義；若你是與其他三個小組一起合作，每一組對品質一詞有不同的見解，最終的結果就會有失誤。當所有人對品質有不同的定義時，他們就可能對完成一詞也有不同的看法。「我完成了！」有人這樣說時，其他人或許會面露驚訝地說「還沒，我們還沒完成，還得做文字記錄才夠。」
- 服務：這是指每種服務、每次接觸，還是所有公司出產、轉售、配送還是代理的商品呢？或者，指的是其中一些？服務指的是什麼東西？接電話？更新或維護網站？保留第一件要送的貨物？成功獲得百分之百回覆率調查？

針對重點詞彙清楚地理解，可以減少疑惑和意義不明確的現象，就算你是獨立作業，也可以進行思辨和檢視問題本身的描述，千萬不要只是揮揮手說「我知道我在說什麼啦」；你若真這樣說就不是真的理解問題；如果你坐下來，將真正有疑問的部分寫下，就不會有搞不懂問題的情況。

從檢視開始做起

以下是幾處你可以直接運用「檢視」這種技巧的地方：

- 電子郵件：閱讀本書的每位讀者，或多或少每天得寫幾封或很多封的電子郵件，下次要寫郵件的時候，請在按下「送出」之前問問自己：「我想說的有表達清楚嗎？收件人會不會誤解我想表達的意思？」可能你寫了「我們需要儘快完成這個任務！」但你真正想表達的是「目前我們花了十天在做這件事，但我們需要在七天內完成它。」這樣表達會比較準確，也確實比較清楚明瞭。
- 會議：會議是個可以好好運用檢視功能的場合，因為開會時所有人會丟出所有的文字，有些人可能說「我們需要減少這方案的花用」此時可以問他，減少的涵義是什麼，是減少什麼花用？有規定期限嗎？此時的減少是指較少的人還是較少的成本？減少是否也指降低規模？
- 訂定目標：在訂定目標時檢視使用的文字，你要如何評估目標的完成度？當你說「我想提升表現」時，你指的是什麼意思？想要和必須要是不同的（想要vs.需要）；再者，提升和表現兩個詞語是什麼意思？這兩個詞語是很模糊隱晦的，如果你可以花幾分鐘的時間，明白這兩個詞真正的涵義，之後會節省非常多的時間，屆時你也會知道，自己處理的是正確的問題。

- 修正指示：指示不明確時每個人都會知道，因而無法完成適當的成果，就像是用標示不明的說明書組裝家具、玩具或裝置時一樣。
- 要求重看：與說明不正確一樣，要求不明確會使本來能完成的成果不理想，通常不清楚的產品需求文件，就是造成產品延期的主要原因。
- 一對一的重要談話：就如改善績效表現的計畫，釐清可以避免誤解和不必要的問題產生。

- **思考優化重點：**

排除模糊字眼之後的解讀才是完成釐清和重點關注的不二法門，檢視文字背後隱含的真正意義，確保所有當事人對問題有共識。

「檢視」的小練習

1. 將以下句子改寫清楚：

「我們要快點到那。」

「我們的計畫已經落後。」

「如果資源足夠，我們就可以準時完成。」

「試試這個，只有這次了，留意品質。」

「你設計的手冊應該要有藍色封面。」

「針對那件事我會儘快回覆你。」

「別擔心，一切在我掌控之中。」

「請打給這些客戶，找出他們要什麼。」

「你得做文字記錄。」

2. 重新閱讀電子信箱中最後的三封郵件，將它們改寫地更清楚。

3. 看看信箱中那最後三封的郵件，你是否從頭到尾全部了解？有沒有任何誤解的地方？若有，你會怎麼問問題，好了解寄件人真正想表達的意思？而你是否有問呢？

4. 看一下主管指定給你的目標，或是你指定給其他人的目標是否夠明確？是否存在會影響評估的模糊詞彙？

Chapter 為什麼 Why? 06

為什麼要問「為什麼？」

「為什麼？」是在思辨過程中最有力量的問題，因此得到的答案可以給予我們豐富的知識，從而提共我們選擇，就如培根（Sir Francis Bacon）曾說過的，「知識就是力量」。知識讓我們更有創意，還幫助我們解決問題並做出更好的決定。

舉例來說，若有人要你將房間內的所有家具搬到另一處，你可能會問「為什麼？」原來是因為明天就要清理地毯。一旦你知道原因，就會不動地毯將家具搬到另一個地方。

另一個較為複雜的例子是想像你正在開會，討論某個流程能否加快進行。你可能會先做出一幅曲線圖，然後討論要如何排除或簡化哪幾個步驟，最終就能設計出更快的運作機制，但如果你開口問：「為什麼我們要加快流程？」接下來的對話讓你知道，真正的目標是要確保交貨時間能準時確實，這個訊息使你提議在流程加快、加速交貨時間之外，還能從預測商品需求量著手，不僅可以事先想好做何準備，也能大大不同地改善情況。

這一章會討論我們之所以會問為什麼的四個原因，但討論之前我們需要知道，在什麼情況之下人會問為什麼。如果主管要你提出某個企劃報告或相關資料，然後你回問「為什麼？」他可能會對你有不好的印象，以為你在質疑他的要求、不順從他，甚至是暗示你覺得這個要求不好或毫不在意；但是這些都不是你問「為什麼」的真正意義。

你所問的「為什麼」，指的是「為了要將任務盡善盡美，為了要符合您的要求，確保我可以提供與您碰到的問題相符的資訊、產品或完成的任務，我需要了解更多您現在提出的要求。因此，請問您為什麼需要這份報告呢？」

你問的為什麼，是想：

- **要從那個區分出這個；**
- **要找出根本原因；**
- **要表達「我不懂」；以及**
- **要找到「兩種因為（因為！）」**

讓我們來分別探討上述各種目的。

「要從那個區分出這個」

你曾否被要求給出某樣東西或執行任務，但完成後對方出現類似以下的回應：「喔！那不是我想要的」或是「那不是我要求的」？你確實按照要求做了，但之後卻出現另一個要求，因為對方發現他／她一開始所說的結果不是起初想表達的；這樣不僅浪費時間，也令人厭煩。

想一下這個案例吧：某位男子問你是否有一卷膠帶，你給他一卷膠帶後他回頭又要了更多膠帶，所以你給他更多的膠帶，但他又問你要一些繩子，你也給他了，結果你看到他提著一個用膠帶封箱和繩子綑綁的包裹。此時你的反應是「噢！如果我知道你是要寄東西，我可以給你托運用的箱子，同時那裡還有封箱帶能給你。」

再來這個例子比較複雜：某位主管問你「能否幫我跑一下這份過去四個月每樣商品銷售量的報表？」於是你開始執行動作，主管後來繼續問「那現在你能否弄出每位銷售員每樣商品賣出的總額？」然後你也做完這一份報表，「你能不能再弄下半年通過許可的行銷企劃？」當你完成這個任務並呈交給主管後，你發現主管正在做一份標題為銷售預測的簡報。

此時你說：「不好意思，請問您要這些資料是要做銷售預測嗎？」經過主管確認後，你說：「如果那是您需要的，可能還缺一份下半年的產品發表日程表，因為我們目前正在更新所有的產品，期待能藉此在營收上大大獲利。」

類似以上案例的互動其實經常發生，**我們請求他人協助常常不會告知對方理由**，為什麼我們需要做這些動作；雖然每次請求協助時要解釋一番不太實際，但碰到重要問題或議題時小心謹慎是必須的態度。如果你請對方幫你複製一份報價單，你當然不需解釋理由，只要最後拿到的是白紙黑字的紙，其他你根本無所謂；然而，如果你請對方幫你複製簡報，解釋你需要用在高階主管會議上簡報，你可能會拿到彩色列印好、並且裝訂整齊的高級道林紙簡報。

如同你從這兩種案例中看到的，從一開始就了解為什麼的話，就可使當事人完成任務的過程出現很大變化，甚至有機會使每位當事者都能更有效地參與其中。

當有人要求你做一件事，例如跑腿、做報告、打電話給客戶、想一個新方案、修正產品、核對相關資料、製作日程表，或是公司打電話來要這個，換句話說就是「請做這個」、「這個要做」或是「你可以做這個嗎？」你可能會有一大堆這個要做的事，這些全部都是應該要問清楚「為什麼？」的例子，特別要問「為什麼你需要這個？」或是「為什麼你要這個東西？」，或是「為什麼要做這個？」

你並非質疑對方要求的原因，只是想更了解問題而已。你尋找的，是那位說出「我需要你幫我做這個，因為我需要這個來完成那個」，或是「我們需要這個好讓我們了解那個」的人。在前面的例子中，當主管要求你做報告時，報告就是這個。「我需要這個（報告）」如果你問了原因，那對方的回應可能是「因為我要做一份銷售預測」，而銷售預測就是那個。這真的會令人蠻傷腦筋的，做份報告其實只是件要做的事，但「那個」才是你想要知道的部分，因為「那個」是對方真正感到困擾的問題，而你或許可以幫忙；這個，只是得做好完成那個的事。

一旦你了解什麼是「那個」，你的回應可能是：「如果那是你碰到的問題，那就不能只做這個，你也需要其他報告。」或者「如果你想解決那個問題，則這個不適用，你需要放在那的東西。」最後你的回應變成「這個就是你要解決那個所需要的東西。」

圖表6.1是我們通常描述這個與那個之間關係的想像圖，圖中有許多被要求的「這個」（要做的事），你則需要詢問為什麼來找出「那個」，也就是真正需要解決的問題。

圖表 6.1 這個與那個

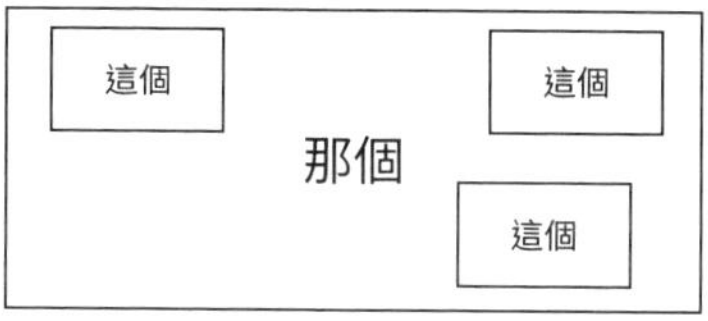

・思考優化重點・

問出「為什麼」可以從那個分辨出這個，雖然這個可能是重要的步驟，但那個才是傷腦筋之事。「為什麼」讓你能發現其他問題的存在，並可幫助你決定，當前正在尋求解答的問題（這個），是否為真正需要解決的傷腦筋之事（那個）。

問「為什麼」找出根本原因

當我們想知道發生什麼事情時，也會問「為什麼」，例如某個東西壞了、客戶關閉了他／她的帳戶、賣方延遲交付，或者我們未能準時、失去一筆生意或是超出預算。發生的事也可能是正向的，像是超乎預測地好、提早完成企劃或者是增加客戶總數；這些發生的事件，我們統稱為「發生的結果」。

我們使用「為什麼」直到找出根本原因。當你問「為什麼會發生？」，你想得到的回應是「因為那個」，然後你接著問「那個為什麼會出現？」你預期的是「因為發生其他事了」；之後不斷地以「為什麼」來推敲，最終會知道最根本的原因，即因最初的決定、失策，或是導致結果發生的事件。這個結果可能成功，令你想再來一次，或想避免重蹈覆轍。

舉個例子：你正從電腦上列印某個檔案，當你走向印表機時卻沒有任何東西出現，於是你返回座位上再重新操作一次，確認自己將文檔送進正確的印表機。你再度走到印表機，但還是沒有任何紙張出現，此時你心想「為什麼」，同時發現印表機沒有紙了，於是你補上紙張，這時有許多文件都被列印出來，原來其他人也有同樣情形，所以要列印的東西很多，你決定稍後一下；等到印表機停止運作，你想要印的文件還是沒有出現，「為什麼」印表機可以用，但就是沒有你的東西？你試著將檔案送到其他的印表機列印，但結果卻一樣。此時你再度有了疑問，「為什麼？」

你注意到有三份文件正等候列印，其中兩份是原來那部印表機要印，另一份則是你選擇的另一部印表機。「為什麼？」結果你發現問題在哪了：原來你的電腦根本沒有連線。這些不斷出現的「為什麼」，讓你知道原來連接線根本沒有接上，於是你也回想到，昨晚你把筆電帶回家，今早回到公司時忘了將線接上。此時你將線重新連上，印表機便開始列印文件了；原來，沒有接上線才是發生這一連串列印問題的根本原因。

圖表6.2呈現了你如何透過「為什麼」找出根本原因。那過程就像是：

有件事發生：「這個事情發生了！」

你問「為什麼？」

回應：「因為那個。」

你問「為什麼？」

回應：「因為其他事。」

你問「為什麼？」

回應：「因為這樣。」

你可以愈問愈深入，直到找出根本原因。

圖表 6.2 根本原因

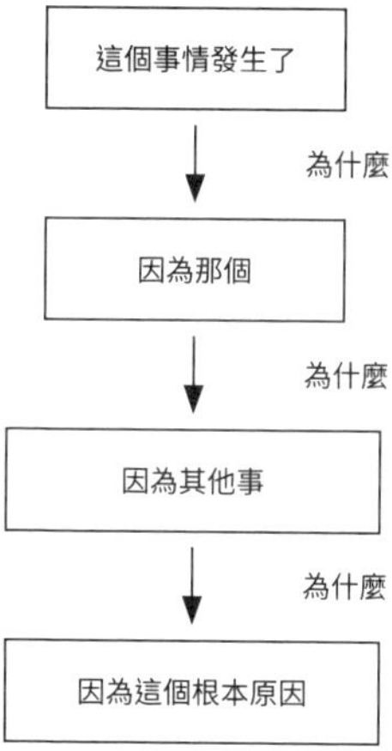

・思考優化重點・

有時不止一次地問出「為什麼」，可以幫你找出事情的根本原因；知道根本原因可以避免重蹈覆轍，或是能夠再次出現理想成果。

問出「為什麼」來發現「我不知道」

你問「為什麼」時，你可能會在找根本原因的過程期間獲得「我不知道」的回應。

「為什麼那個客戶取消了？」

「我不知道。」

「為什麼那個元件壞了？」

「我不知道。」

「為什麼來面試的人這麼少？」

「我不知道。」

或許當你正從那個分辨這個時，你會問「為什麼我們要做這個？」回應可能是「我不知道」。

雖然這樣的回應好像缺少什麼，「我不知道」卻是非常重要的發現，你會持續問「為什麼」來找出「我不知道」的回應，因為你可能需要這項未知的訊息來釐清問題。「我不知道」也能釐清你和其他人在特定情境中，彼此有不同認知的部分；「我不知道」雖然出現，但你能隨後找出解答，因為在思辨中這是你必須知道的！「我不知道」這類的回應，就是可以發表其他疑問的信號，像是：

「或許你知道有誰可以找出答案？」

「我們如何才能知道？」

「我們可以先做出任何假設，隨後再來驗證這些假設是否可行？」

當情況出現「我不知道」時，你便很難繼續下去，除非找出真正的原因。

・思考優化重點・

問「為什麼」來找出「我不知道」的回應，然後進一步了解你不知道的部分。

問出「為什麼」來找出「因為！」

這種情況我們稱之為「雙重因為」，因為這是一種包含兩個感嘆之處的「因為」，且這是無法合理看待的。

舉例來說，你想解決這個狀況：「我要如何更簡單地支付帳單？」除了房租、貸款，還有水電費需要繳，另外還有食物和衣服、瓦斯需要買，或許還有大學或其他學校的花費。你猜若不加稅自己是可以負擔的，那麼要付稅的部分就是一種「因為！」當然你可以到美國聯邦政府所在地華盛頓街頭抗議要求減免稅賦，或是直接罔顧法律不繳稅，但假設你這兩項都不會做，那就必須要規規矩矩地繳稅，如此一來你還是得解決這個傷腦筋的事。但凡事總會有辦法，只是不用一定要那樣做。試著撞一下不同的牆吧，因為稅賦牆是屹立不搖的，這個「因為！」對你來說就是種限制。

如果你在某個專門領域裡工作，像是製藥廠、金融業、食物業或電信公司，就必須遵守法律規範，例如食品藥物管理署、聯邦通信委員會或證券交易委員會，還有其他各城、各州或聯邦機構等。你可能經常會聽到（並詢問）「為什麼要準備這麼多文件？為什麼得填完這些表格、回報所有資料或是跑這一些流程？」提出疑問，甚至釐清這些要求是否真的不可違背都是正常的；但是如果改變這些規範所花費的時間和心力至關重要，或者直到法律修文，這些就是「因為！」的例子。你仍舊需要在預算內、規定期間或現有人數等條件下完成原本的計畫；凡事都有辦法，但如果想使「因為！」消失就很難順利完成。

・思考優化重點・

問「為什麼」可以幫你找到「因為！」——這個對你來說會影響最終結果的障礙。

從「為什麼」開始做起

許多狀況下都可以運用「為什麼」，好深入了解問題、議題或是目標究竟在哪裡，並且可對傷腦筋的事情有更清楚的了解。下列是幾個可以運用「為什麼」的例子：

- **訂定目標：「為什麼是這個目標？」**
- **設定和估算優先事項：思考為何某些東西被設為第一優先事項，「為什麼那這麼重要？為什麼比其他事情更重要？」**
- **某人丟出一個議題：「為什麼這是問題？」這樣的詢問可以讓你分辨出，這是否真的是需要解決的問題，或是真的得在決定好的期限內解決。**

- 預料之外的事情發生了：在這種情況下你可能會想找出根本原因，因此可以問：「為什麼會發生這種事？」或是「為什麼我們沒有注意到？」
- 收到或發送會議通知：你納悶「為什麼我是受邀者？」這種疑問完全適當，同樣地當你發出會議通知，必須了解為何要開會？為什麼要邀請這些人？還有你希望這些人能提供什麼見解。
- 你看見不能理解的事物：「為什麼他們要這樣做？」
- 某人請你做某件事：「為什麼你要找我做這個？」
- 當某人說「我們做不到」時：回問「為什麼我們做不到？」

- 「為什麼」的思考優化重點全覽：

問出「為什麼」可以讓我們更了解傷腦筋的事，它能讓你：

- 從那個分辨出這個；
- 找出根本原因；
- 找出「我不知道」以及其他必須知道的事，還有，
- 決定這是不是「因為！」

當你初次使用「為什麼」時可能只會用到五十個字，因為你必須解釋「為何會問這些問題」；然而，一旦其他人知道你處在思辨模式中（正在傷腦筋），且非常重視「為什麼」所賦予的價值，你就能使用單一且強而有力的「為什麼？」；這些從「為什麼」而獲得的知識，將有助你針對真正的問題、議題、目標或對象等傷腦筋之事，做出適當的處理。

「為什麼」的小練習

1. 拿出你的必做清單，然後仔細地思考每一項，問自己「為什麼」這項會出現在清單上。一旦你回答這個問題，再問「這些清單上的事是否是我必須完成的唯一清單？做這些可否滿足所有為什麼的問題？」
2. 你有一大堆被要求得完成的特別任務嗎？為什麼得完成這些事情呢？
3. 看看自己訂定的目標，為何會選擇這些事當作目標？

4. 接下來你請別人，可能是同儕、合作夥伴或是家庭成員，幫你做某件事，向他們解釋為什麼你要他們做，同時給他們問你為什麼要做這些事情的機會。

5. 當你發現你又再向人解釋如何做某件事時，想一想為什麼你會這樣處理，你可能發現除了之前從未做過類似之事之外並無原因。

6. 看看日程表你要參加的會議，為什麼要找你開會？會議發起人希望從你身上得到什麼？為何會有這場會議？如果是你發出開會邀請，是否所有人都知道被受邀的原因呢？

Chapter 07 那又如何

So What?

上一章中我們介紹了思辨的工具之一——為什麼。而另一個非常有用、也是我最喜歡的思辨工具，就是能與「為什麼」相輔相成的「那又如何」。

在思辨中，這個工具不是指我們口語中的那種用意，這裡的「那又如何」並非是「你好像完全不在乎」的疑問句，而是因為你太過在乎所以才提出的問題。你真正想知道的是，「它與這個有何相關？」或是「如果這個真的發生了怎麼辦？」而你真正提出的疑問是「為什麼這個很重要？」儘管這有為什麼三個字，但實際上你想問的是那又如何。然而，那又如何需要非常小心地使用，因為多數人容易將你曲解成自以為聰明，或是桀驁不馴的傢伙。

我記得非常清楚，當我第一次問出「那又如何」時，一位客服部門主管向我走來，說道：「麥可，我們的候話時間（客戶停留在電話線上，直到專員接聽電話前的時間）已減至十五秒內。」當時我問他我該高興還是生氣，這位主管說我應當覺得開心。

「為什麼？」

他解釋說，「因為我們能在十五秒內接聽客人的電話。」

我說，「那又如何？」

就在當下，這位客服部門主管用一種匪夷所思的眼神看我，繼續與我交談；但是，在十五秒內接聽客人電話，與公司競爭對手花上六十秒相比，其價值在哪？難道客戶會因此向我們購買更多的商品嗎？還是說他們會大大推薦我們公司呢？我們會因而能留住客戶更久嗎？要在這麼快的時間內接聽客人電話，其實花費公司很多的錢，如果我們花的時間是三十秒，是否也能獲得同樣的成果呢？答案是肯定的。

因為我在這次經驗有所發現，所以我開始每天都用「那又如何」。當有人帶著問題來找我，我時不時也會問他「那又如何？」當然我非常謹慎，對方也不會因而覺得我在挑戰他，其實這就是個**讓他人**得以思考的問題而已，對方為了預防我回問他這個問題，就會開始去思考「那又如何」的答案。當他們進一步思考如何回應時，他們同時也了解該怎麼做，雖然這不會每次奏效，但經常成功。

舉例來說，當某一組團隊的某計畫進度落後，組長說「我們必須要讓麥可知道。」然後他們就討論如果我問「那又如何？」的答案，隨後他們就集結出許多可能的方案，從需要挪動的資源到減少機動性超時工作，全都審慎思考了一番，結果，他們跑來找我時並沒有說「麥可，我們的進度落後」，而是「麥可，因為我們進度落後所以想調動人手，這能使這份計畫如期完成；此外想跟你報告，我們會延後一周才會開始另一個新計畫，這（那又如何）是因為，我們知道那計畫目前尚未有確定的交付日期，而且是項看時間安排的任務。」

我心想：「哇！這些人真的思考過了『那又如何』的部分」便回答道「沒問題！」

如果你是主管，而你想即時給予組員正面鼓勵，那就每天問一次「那又如何」吧！你一定會感到驚訝，但若真想這麼做，你必須有想幫助他人思考的真誠的心；確保組員知道你問這個問題的原因，他們需要了解這並非是要難倒他們，而是給予幫助。以此類推，如果你想要提升個人工作表現，就在尋求他人協助前問一下自己「那又如何？」同時，如果主管反問你同樣問題時，你會作何感想。

你或他人遇到問題時可以用「那又如何」來刺激思考，這個疑問可以針對重要性、耦合性、價值觀、相關性、企業與客戶影響，還有開銷和日程表影響等等之類的議題啟動深度對話。

那又如何：對公司或產品的威力

公司的「那又如何」通常被稱為價值主張（value proposition），什麼叫做公司的「那又如何」呢？你為客戶提供了什麼樣的價值？是價格、服務、可行性、獨特性或是以上皆是？就算你賣的是罐裝水也有價值主張，或許是水的純度、可生物分解的容器、特製的瓶蓋、價格、配送或是可取得性。通常成功的產品都有相當重要的「那又如何」，不論產品有多酷還是多好用，你都應該要在設計發展商品時，知道對顧客來說「那又如何」的價值，如果「那又如何」不夠明確，則產品可能就無法成功。

你的「那又如何」

這個範疇可大了，有時甚至可稱之為人生變革（life changing），到底什麼是「你的那又如何」呢？你為同儕、家人和公司提供了什麼樣價值？是什麼東西使你變成像你呢？你擁有什麼技能、天賦和看法，讓你得以完成想做的事情？認識這種「那又如何」，可讓你在碰上特定場合、問題和議題時磨練自己，增加更多可以體現的價值，同時也幫助你了解，如何用不同方式來將技能學以致用。

若你對目前的工作感到滿意，其中一個原因可能是你能夠發揮你的「那又如何」，我曾為幾位被裁員的專業人士上過一系列的課，主題是「如何利用創新與思辨找工作」。學員大部分都是身體健康、工作資歷很久的專業人士，但他們因為〇八、〇九年時的全球金融風暴失業，這些人在課堂上自我介紹時說，「我是水力學工程師」、「我是律師助理」、「我是做教學設計的」或是「我是流行時裝顧問」，期間我們花了很多時間，為每個人找出自己的「那又如何」。

以那個水力學工程師來說，這位男士在說明他原本的職務時非常快樂，很熱情地講解他如何保住可能危在旦夕的計畫，以及他總能按時完成大大小小的任務。不只如此，他可以預示問題的存在，並在影響發生之前解除威脅，沒錯，他只是個水力學工程師，但這職稱並非他的「那又如何」，他是一位超級專案管理人，不僅有傑出的組織排序能力，還有操控事件如何影響他人的技能。他的個人特質非常出眾，可以鼓舞他人，調整他人做事的方法，進而影響工作進度；這樣的他，正好運用了他的「那又如何」，即在水利學工程領域中發揮他厲害的專案管理技能，但事實上，他可在任何領域中運用這種「那又如何」。因此，相較於找水力學工程相關的工作，他反而擴增了求職範圍，提升到企管相關的領域，這也使他的工作機會大大增加。

你的「那又如何」是什麼？是什麼東西讓你變得像你？有什麼東西是你喜歡且做得很好呢？不論這事物是什麼，肯定是你身上累積來的，哪項是你從小至今就有、且令人讚揚的特質呢？這個特質就是你的「那又如何」。想想看，你在工作時感到愉快，那你就可以有效運用你的「那又如何」，如果你了解這象徵的價值，之後碰到與工作、成功和幸福相關的問題時就能成功應對。

從「那又如何」開始做起

以下是幾個你可以運用「那又如何」的場合：

- **會議：你是否曾在會議上，碰見與會者提出與主題無關的意見？雖然所有人都停下來聽他說話，但沒多久就繼續討論原本突然中斷的部分；對這個人提出的意見，大家的印象都是這與會議無關，不論是你還是其他人，也都將這不相關的意見拋在腦後，這時請記得：自發性思考的大腦通常會將它認為不重要的想法丟掉。**

有人在會議上發表與主題無關的意見，這很可能是因為他／她看到自己想法與會議主題之間有連結，若是如此，那他的發言就不會要困擾大家，相對於忽略他的發言，你可以表達出困惑，請他講得更明白點，「抱歉，我有點不太懂你剛說的，能否換種方式說明，這與我們正在討論的部分有什麼關係？」如果他的想法是隨興而來的就不會有連結存在，但如果是認真的想法，且通常多半是如此，那你就為討論帶來新的思考，比起大家都把他的意見不當回事，你反而幫助其他人提升思考的價值，也就是問了那位發言者「那又如何」（即便你不是用這四個字）。在會議上問出「那又如何」雖然會用到很長的字句，但能找出「那又如何」是很重要的。

• **當預料之外或非計畫內的事情發生：事實上有很多機會能問出「那又如何」，你不僅需要問為什麼某事會發生，還包括理解細節（即「那又如何」）。「那又如何」可以用來詢問客戶打來的電話、公司競爭對手的新促銷活動、計畫進度落後，還有房租增加等，你也可詢問正面的事，例如剛升職或是面臨新的生涯契機。問出「那又如何」可以刺激思考，想想什麼是真正重要的，後果會是什麼，這些事又如何彼此相關。**

以下便是一個預料之外的例子：你的核心組員之一今天打電話請病假，而她不在的時間正好是這周最繁忙的時候，手上的任務只剩兩周就要完成，此時「那又如何」便能引導出，缺席的組員如何影響任務進度，進而影響如何補償，或是如何在其缺席情況下讓其他人全力以赴的對話，「那又如何」還能進一步討論到，哪些人的工作與這位組員息息相關、會否影響到整組進度，以及是否會影響到那些期待任務完成的人。

這類預料之外的事情發生時，「那又如何」可以集結各種想法，因為從這思考路徑，就能明白如何處理預料之外的事情。

• **在收到回覆後詢問：問完「為什麼」後得到「因為」的回應時，試著問「那又如何？」你並非想表現地自以為聰明的人，你只是要認真了解：「這說明後結果會是怎樣？對整個**

計畫、日程表、我們團隊、客戶以及花費代表的意義是什麼？相關性在哪？要如何處理？」

- 閱讀報告、報表和資料時：看資料時問問「那又如何」，該份資料給你什麼訊息？報告或報表上的訊息又有什麼重要性？你可能還看過企劃進度報告，上頭有綠色（一切順利）、黃色（有問題要注意）以及紅色（問題）的標示，這時就要問「那又如何」，即如何處理紅色的項目？那黃色的部分呢？難道要等到黃色變紅色才來想怎麼辦嗎？甚至也要思考一下綠色的事項，這部分的「那又如何」又是什麼？為什麼事情可以順利發展，你能否維持這樣的成果呢？有沒有方法可以將綠色項目維持不變？除此之外，我曾看過繁雜冗長的進度報告，內容多到我搞不懂是資訊內容提供、必做清單還是想保全自己等等。因此知道進度上的「那又如何」非常有幫助，有哪部分是我該處理、留意或擔憂的嗎？
- 學到教訓：許多公司會在企畫完成後重新回顧，這種行為可稱之為學到教訓、最佳範例或是檢討，其中能進一步了解有何發現的方法，便是提問「那又如何」；若一份工作計畫因為部分事項不明而導致延遲，這時的「那又如何」是什麼呢？你是否會因此更改流程，以避免發生同樣情況，或只是祈求不會再出現一樣狀況？如果這份工作成效非常好，那請找出成功的原因，以及「那又如何」在哪，也就是前面「帶我走」和學習到的經驗，這些是不是讓你再度成功的關鍵？

- 新計畫和優先排序：「那又如何」可以用多種方式呈現，像是「重要性在哪？」或是「會有什麼影響？」、「我們要如何從新計畫中獲利？」知道答案能使你了解新計畫和公司的關聯性，如果宣布新計畫的人是你，比起分派他人做事，與員工溝通這計畫對公司或其他方案的影響（那又如何）更為重要。
- 新產品和行銷策略：產品的價值主張在哪？是它的「那又如何」嗎？它可以解決客戶的哪種問題？它還有哪些獨特的「那又如何」嗎？了解產品或服務的「那又如何」，即它的價值主張，是對客戶成功行銷，以及從眾家競爭對手中勝出的重要步驟。

- 思考優化重點：

「那又如何」可幫你釐清各種惱人之事的明確性，以及它們之間的關係，還有其他可能存在的情況和影響；「那又如何」讓你了解相關性、重要性以及可能產生的影響。

「那又如何」的小練習

1. 拿起桌上的任何物品，一張紙、一支筆、一個杯墊都行，這東西的「那又如何」是什麼呢？為什麼這很重要？有什麼相關性，如果它不在桌上又如何呢？

2. 再度突破你的必做清單吧，先前在「為什麼」的練習中，你思考了為什麼這些事項在必做清單上，希望這真的幫助你找出真正要解決的問題，現在回到清單，問自己「那又如何」吧，如果你調整這項或那項，則「那又如何」呢？如果你沒做，「那又如何」？雖然你將這些事項加入必做清單，但若你沒法完成或在指定期限內完成又會怎樣呢？

3. 你和同事、孩子或另一半一起做事或互動時，留意到某件讓你感到驚訝的舉動或情況，但這是件好事，此時問問自己「那又如何」？你是否應該大大讚揚這件事？與你一同互動的人是否能了解在他舉動背後的「那又如何」（重要性）呢？

4. 你的「那又如何」是什麼？對你的同儕、家人或公司來說，你之所以重要的原因在哪呢？有哪種技巧、造詣或任何你擁有或要做的部分，才能讓情況有所不同呢？

5.

看看目前你在執行中的事有何特殊步驟，這些步驟的「那又如何」是什麼？為什麼會有這個安排、為何這很重要、結果是什麼、有沒有按照這個流程又會如何？其他人也都這麼做嗎？如果他們沒有的話又是怎麼進行的？不按照既有程序會有什麼額外影響？影響會很嚴重嗎？為什麼呢？

Chapter 08
需求
Need

什麼才是必須的？

兩千年前或更早的時代，柏拉圖曾說「需要是發明之母」，如果你想完成某件需要完成的事，那就得了解需要完成的原因。想想看，我們多常用「想要」和「需要」這兩組字，以及我們如何交替使用它們吧；我們想要擁有的事物很多，例如新車，但我真的需要一輛新車嗎？當傷腦筋的問題逐漸明朗化時，試問為何這件事必須解決吧。

假設你當前正著手進行某個目標或任務，你是否曾思考過為什麼自己還沒完成，或是花了這麼多時間在這上頭呢？我有時會把這種情況推給「因為沒有足夠時間來做」，但事實上我有的是時間；我們都有時間，只不過我們選擇將時間用在其他事情上，我之所以還沒完成它，是因為沒有得完成他的需要，如果這是必須得完成的，我就會做完了。

舉個簡單的工作例子吧：許多IT（資訊科技）部門會定期向員工發送清理公司電子信箱的通知，因為電子郵件經常會占用許多空間，當你收到這類通知時會怎麼做呢？你可能會刪除一些郵件，但你不會花很多時間回頭整理舊的郵件，為什麼還得回頭整理呢？有這需要嗎？這是一個要求、一個想要的事，儘管IT部門真的需要整合硬碟空間，不然他們就得另外再買，你要幫他們做這件事的需求是什麼？你通常不會真的著手清理，直到某天你收到系統告知「收件夾已滿」的訊息，那時你又會怎麼做呢？你會立刻刪除過時的郵件，因為屆時你必須得這麼做。

訓練主管時我們最常碰見的問題就是：「我要如何使員工更有自決能力？」通常這時我們會簡單地討論一下，員工們經常提交一些詢問主管意見的報告，且多半是細枝微末的小事。通常我都會說：「員工不會自己做決定多半因為他們不必做這個。他們來找你們，你們就會給他們需要的答案，同樣也是你們要對之後的結果負責，因為這是你們的想法和決定；所以他們何必呢？因此最好是在特別重要的事情上給予幫助，但必定要使他們親自去思考。」

你曾否在向一群人提問後只得到一陣沈默呢？這時你怎麼做？幾秒過後，你重新換個方式問了另一個問題，但給他們思考的方向，或是直接乾脆自己解答；然而你應該要做的，是讓他們必須思考然後回答問題，最簡單的方法便是閉嘴，你問然後讓他們答。千萬不要說話！這樣一來你勢必能得到回應，我們會在奇怪的沈默後需要主動結束沈默，就像這種情況一樣，這方法每試必中。

當我們認真思考惱人之事時，我們會問需求在哪，如果你碰到的問題是「我們需要改善回應客戶的時間」，作為一個思辨者，你會檢查這些文字，決定「為什麼」和「那又如何」，然後找出需要。當然改善回應客戶的時間是很好的，但是為什麼一定要改善呢？如果沒改善是否就會失去這個客戶，還是說你就無法讓客戶滿意？如果這問題的答案是肯定的，那這件事情的確必須要做，但請進一步思考，這件事是否真的必定要做，我們每天的工作都被繁多的事項塞滿，有太多的事需要處理解決，我不懂那些每天工作完後說「天哪！我沒有事情可做了，所有事情我都做完了。」的人，怎麼可能會沒事情做呢？一定還有事情是要做的，而我們通常不會有太多時間去進行，這就是為何分辨出必要之事是很重要的原因，這些事情多半可能會產生不同的影響，但那些想要做的事則不見得能有多少改變。

你曾否每年都會發現有像以下這類目標呢？

- 「我們需要更快。」
- 「我們需要更以客戶為重心。」
- 「營收需要增加更快些。」
- 「我們需要減少支出。」

你已讀過前面幾章，當然會知道上述這些目標都不夠明確，多數人或機構之所以無法達成這些目標，其中一個原因在於每個人對目標都有自己的詮釋理解，因此便難以完成。另一個原因便是這些目標的需要也不明確，所以出現其他更明確需要做的事情時，便會優先處理，並在更有效率的時間內完成。

優先處理的事項有時就是以「誰叫得最大聲」的方式來設定，但從時間先後順序來看，思辨會以了解需要來區分，這件事是否需要做？什麼時候要完成？如果任務或計畫無法準時完成，又會發生何種結果？諸如此類的討論將有助於分辨「需要」和「想要」兩著的不同。

好的團隊和需求

若你想讓一群人對工作有熱忱且合作無間，有動力去全力以赴完成一項目標，那你能給他們最大的動機就是讓他們知道，為什麼必須要由他們來完成這項任務。

想想你曾碰過最厲害、最快樂且最成功的團隊，為什麼它能如此成功？每個成功團隊身上我們能看到的，就是所有成員擁有共同的需要，這確保每個人都專心協力地以相同步調往目標邁進，不論策略或個人工作日程，大家都在同個進度上，如此一來優先順序也清楚劃一。或許你曾聽說過「團體凝聚力」，就算是政府部門，只要必要性夠明確，在野黨也能更有效能地運作，相反地，若必要性不清不楚，就會產生爭議，事情就每況愈下；如果你是一位希望團隊能有效地通力合作的領導者，就確保每個成員都以同樣的需求作為目標執行工作，而且此需求不是只屬於你的需求，而是你和他們共同的需求，你們必須一起見證且同意這項需求，能夠確實完成的公司多半能成功。

共同需求究竟有何種力量？我們可以從一件一九九五年九月發生的事見證，當時「撥接網路」正迅速擴增（若你們出生的年代就使用寬頻網路，以前的做法是用電話線撥號的方式連接網路，與今日的網路速率相比真的是慢到不行。）當時的做法是以每小時使用量來收費，但某間網路公司的執行長有天早上起床後，便決定要區分供應量，因此他宣布「十九塊九五美金就能無限使用網路。」這個公告使該公司各部門的副總經理們非常驚訝，他們還以為是在開玩笑！但這完全不是笑話，新聞稿確實發佈了，更讓人不安的是，此項公告還說明，新的定價和方案將從一月一號實施，也就是再三個月就要正式啟用。

該公司的資深團隊在一陣驚訝和混亂中公開這項目標後，他們了解這計畫是勢在必行，此項任務使公司全體上下開始動員，全員凝聚在同心協力的氛圍中；沒有部門是孤身作戰，個人責任變成全體的共同責任。於是，各個團隊互相幫助、妥協，所有成員都動員起來，甚至為對方部門訂購披薩，整個過程非常緊湊，但要完成目標的必要性克服了所有困難，因此在一月的第一周，所有團隊都準備好提供新的服務，他們成功了，全部成員之間產生的同事情誼，以及這三個月的團隊合作經驗，使他們的革命情誼至今仍舊深厚。

需求和生存

比起使人有動機完成某事的需要，沒有任何需求比生存來得更重要的。二〇〇〇年時，我在一間因通訊產業崩塌而每況愈下的公司工作，該年以前，全球正像關不緊的水龍頭一樣熱衷於花大錢投資蓬勃發展的通訊網絡，當時有五十間中等規模的通訊公司，它們花錢就像明天末日一樣毫不手軟；然而，當華爾街的投資大亨作了研究後，糟了！何止關上水龍頭，連水源都完全枯竭。因此，所有人必須找出快速獲利的方案來解套，當然原本也曾有相關的提案出現，找人投資向來不難，但獲利在當時是「想要」而非需求，如今若我們無法成功快速獲利，公司就得停業。我們要的很簡單：獲利，不然就倒閉、所有人失業，公司所有資產償付同時向客戶道別。如此明確的需要讓我們有更清楚的對策，包括原本不再重要的部分也重新有了發現，還能有所改變、更能抓住問題的重點、資源和技巧的部分。當時許多公司競爭對手並未看到這項需求，也未讓員工知道，因此最後我們熬過破產的命運，而他們終究關門大吉；我們之所以能成功是因為全體員工都有共同認知：要生存下去。

還有其他更明顯的必要性例子：你能夠在大海中游十哩嗎？大部分的讀者會說不能，甚至會想：這種瘋狂想法誰想得出來，但想像一下，你正在一艘離岸邊十哩遠的小船上，船正在下沉，難道你只能舉雙手投降，然後坐以待斃嗎？不會吧！你會試著游泳，雖然可能最終無法成功，但你會用盡全力地游，為什麼？因為這是生存下去的唯一辦法，我敢說你一定能游得比以往游過的距離還遠，說不定還能成功游上岸。

從需求開始做起

以下是你可以利用需求的一些場合：

- 優先事項排列：了解計畫背後的真正需求，將有助設定任務的優先順序，特別在團體中更是有用。討論一下為什麼有些事是必做之事，如果該計畫非首要之事的話又會有何結果，這類的深入探討可以去除整個流程中過於情緒化的部分。
- 不同部門的共同合作：當各個部門溝通不良或無法合作時，找出一個或多個需求，需求一旦出現後合作和溝通就會開始，因為這兩者是完成目標的必需品。
- 時間和急迫性：當你與同事對完成任務的時間或急迫性有不同的認知，請與他們討論一下「需求」吧。
- 領導團隊：與整個小組討論任務目標的必要性，為什麼你認為可以更快、更好且更有效率地完成此項任務？讓你的員工知道真正的原因。如果是像蘋果那樣的公司，或許就需要做到最完美、與眾不同；若公司是製藥廠，那需求就是要讓人類有更完好的生活；若你是在航空公司或汽車公司裡的製造部門工作，那需求就是避免發生意外或受傷。總之將共同的需求找出來，並一起釐清它，這樣就會看到改善的效能、士氣和工作表現。

・思考優化重點・

讓所有共事的人都了解計畫背後真正的需求，這對你在陳述問題、決定或目標時是很重要的步驟。在著手解決問題的初期階段花點時間，仔細看一下需求是什麼，為什麼這對公司或團隊的成員來說是必要的？一旦你診斷出需求何在，就可以對傷腦筋的問題更深入的了解，全體團隊也能適得其所，成功完成任務目標。

「需求」的小練習

1. 再次回頭看一下必做清單，上頭有哪些事項不是必要的？既然非必要，為什麼會放在清單上？如果你不想刪除它，或許有其需求在，那這需求是什麼？
2. 想個你應該要放在必做清單上，但目前不在上頭的任務，或許是與家人或個人目標相關的事，為什麼會忘了它？了解該任務是否必要，如果不是就別管它，但如果必要，則這件事之所以必須放在清單上的原因是什麼？

3. （續上題）當你上班時，先列出一張清單，記錄當天計畫要做的事，並在每個事項旁標註需求的原因；之後想想，如果你當天無法完成某件事的話會怎麼樣？

4. 看看自己帶領的團隊和其他跟你們有互動交流的小組，想一下自己小組和其他小組的需求是什麼？是否有一致性？協同性？還是其實是互相衝突的？

5. 下次有人跟你談話時，自問對方的需求是什麼，他／她是否有困難需要你幫忙？還是需要你協助提供意見？或是只希望你能聆聽他的煩惱？或者他／她單純想找人陪伴？這些談話背後的需求是什麼？

Chapter 09 預先思考
Anticipatory Thinking

接下來呢？

想像以下的場景：你與某位重要他人待在家中，他說：「你可以幫我跑趟商店買一打雞蛋嗎？」你答應後就驅車前往商店買蛋，當你回來不久，室友說：「我們晚上要參加派對，你可以幫忙拿一下乾洗好的衣服嗎？」你再次答應，然後就去乾洗店拿衣服，你回家後想到晚上派對的事，覺得應該準備一個小禮物，所以又再度出門，返回剛剛那家商店買一張感謝卡，到了傍晚，你和室友便一起開車出門前往派對地點，路上你發現油好像不夠，雖然中途停車加油可能會稍微遲到，但也沒有選擇，所以就開往加油站去。

現在倒帶一下，如果你們的對話是：「你可以幫我跑趟商店買一打蛋回來嗎？另外請順便到乾洗店拿衣服，因為我們晚上要去派對。」那時你可能就會順道想：「嗯……晚上有派對啊，那我在商店順便買張感謝卡吧，還要檢查一下車子的油夠不夠，或許可以先加好油。」看看這樣你可以節省多少時間！

預先思考是一種刺激思考的方法，使你先行想到原本沒注意到的結果和相關事項，基本上就是問「接下來呢」、「在這之後會如何？」、「如果做了會發生什麼事？」、「如果這樣說會有什麼反應？」

「如果你這樣做會有人受傷。」、「如果你這樣做客戶會不開心。」或是「如果你這樣說的話，我就接手，因為你將受到處罰。」這類的話你說過幾次呢？比起這類的警告，何不問「你這樣做，會怎麼樣？」這會使原本打算行動的人自己思辨，決定之後可能發生的結果。

建築師經常詢問「接下來呢？」數據庫設計師不會只看即刻性的要求，而會同時問：「你希望三年後會是什麼樣子？」大樓建築師可能還會問：「你打算在樓頂上造一座游泳池嗎？」他們提問的原因在於，如果他們設計好大樓後有人想額外添加任何東西，例如在樓頂上加蓋游泳池，那就必須修改設計，好支撐建築物的架構，而如果大樓已經在進行建設作業，則這樣的改變就是一筆價格不菲的設計更動。

我經常想起童軍謹記在心的一句話——「有備無患」，因為預先思考就是有備無患的概念。如果你要露營，可能就會預期天氣會變天，所以就帶了足夠的衣服；那麼績效表現呢？如果你是主管，你的職責之一便是針對員工工作表現給予反饋，許多主管很會寫績效報告，但從未問過自己接下來該怎麼做，如果績效報告上說明需要改善，則下一步便是提供建議幫助員工改善，如果某位員工在某方面表現特別優異，則這就是鼓勵對方的機會，指出他／她對小組中其他成員的正向影響力在哪。

「接下來呢？」另一個很有影響力的運用就是在事業發展，特別是商品發展上，我看過無數間公司僅僅因為一項成功的商品就大獲豐收，但卻因為沒有預想接下來的步驟，而浪費了原本不錯的前景榮光。客戶需要的是改革，所以他們的需求也會有新的解決方式，持續以創新為本的公司經常會問的就是「接下來呢？」還有「再接下來呢？」而高科技公司，像是谷歌、蘋果和亞馬遜也經常會想「接下來呢？」大型連鎖品牌公司，如服飾商Gap就會針對服裝潮流問「接下來呢？」在交通運輸領域上，市場需要替代能源跟電力車時，汽車公司也會尋找「接下來」的答案；打造住家的設計師除了在建材、室內陳設和廚房擺設上詢問「接下來呢？」也會在家內無線網路或甚至光纖上想找出「接下來呢？」，他們會問：「如果新的供應設備大受歡迎的話，那公司的競爭對手勢必也想分一杯羹，真的發生的話，我們該怎麼做呢？」，還有「這樣一來我們的客戶勢必會面臨到，『接下來該選什麼』的情況。」

另外，還有一個你會想問「接下來呢」的情況，那就是當你看見充斥科技、數學運算、醫學過程、製造方法、領導技巧、動機和刺激鼓舞的浪潮、健康照護方案等世界即將面臨的狀況，再回頭看看自己公司的樣子，你會不斷地問：那些在外頭的人都在做什麼？若有問題今天解決不了，明天會不會有辦法？還是下個月或幾年後？未來在供應鏈、公司產品上裝設的元件或是公司用來解決未來問題的方案和工具，這些問題接下來會有什麼發展？這類問題如果有一番討論或論述，將是非常有價值的。

舉例來說：二〇一一年波音系列推出的「七八七夢幻客機」（787 Dreamliner）正式成為民航用機的熱門機種，夢幻客機之所以具有高度競爭力，是因為其省油的性能，可能因為它雖屬輕型機，其材料卻比鋁製、碳纖維材料來得更堅固。夢幻客機首航的幾年之前，波音飛機的工程師在改善續航力這點上，就努力尋找能夠減輕機身重量的材料，當時在探討這個問題時一定有人這麼問過：「材料部分該怎麼辦？」因此，波音系列飛機成為首次使用碳纖維作為機身材料的飛機。

大部分的人對預先思考和回答「接下來呢？」的問題非常在行，不過問題在於**我們沒有經常問這個問題，至少在涉獵專業情境時並非如此**。但請想想看，你在開車時所預想過的所有情境：十字路口上你會看看有沒有行人、交通號誌燈變成黃燈或紅燈的可能性、還有左右、前後是否有來車，另外在路口你會想是否有臨時狀況；當你在預設這些情境就是在思考，儘管是自發性思考的模式，你也會思考所有接下來可能會發生的事。對這類思考你非常拿手，你需要的只是將這種思考運用在思辨和工作上，只要問「接下來呢？」即可。

從預先思考開始做起

以下是幾個你會用到「接下來呢？」的場合：

- 有人跟你討論新任務或新計畫時：當你有了責任，你會問（或討論）接下來要如何？人一旦知道之後該如何做，處理的方法也會不一樣，了解當前任務完成後的下一步，不論下一個特別的任務是什麼，都會改變你做事的方法。比如說，當你知道完成計畫後需要用文字記錄所有過程，那你就會在進行計畫的過程中，仔細追蹤所有的流程，比起做完後回頭絞盡腦汁思考已經忘得差不多的東西，這種方式來得簡單多了。
- 背負很多責任或身兼多職的人，突然有更多重責大任時：也就是說，如果你上大學的孩子突然宣布他想參加另一個學校的活動，你可能會想知道他的下一步，就說：「很不錯啊，會不會影響到你的課業，或是你參加的其他十五個活動？」你也會在突然有更多學術責任時預先思考，這件事會不會影響你其他研究？又比如你升職成為主管，上司要求你帶領另一個新的團隊，或是準備跳槽到另一家公司擔任主管，你可能會預先思考員工報告時的重點，並設想上級會作何感想，他們或許也先預想過你是怎樣的人，你要改變公司的什麼狀況，以及這會不會影響他們的工作和當前正在進行的計畫；屆時如果你問問自己「接下這份新工作或職位後我該怎麼做」時，你就已做好準備應付這些問題了。
- 你正與客戶互動：好的業務員總會同意預期客戶對未來趨勢的看法，「下一步要怎麼做」

可以讓所有人都清楚了解要做什麼，更重要的是在什麼時候做。預先思考可以讓所有事情有備無患，你可以將這個辦法用在客戶、計畫還有團隊上，只要問每一個參與其中的人，他／她的下一步會是什麼。

- 會議中：會議結束前，問問「接下來呢？」是否有任務清單，或是需要跟進的部分？另外誰負責哪一個部分？
- 排定優先順序時：將所有想法寫下來，先做這個，然後是這個，再來是那個；以此類推，以「這個得排在那個後面」的想法來排列順序，這樣就是個很有效的工具。

・思考優化重點・

如果想刺激預先思考，就問「接下來呢？」或是「做這個行為會有什麼結果？」

「預先思考」的小練習

1. 回到必做清單上，針對每一項問問自己「當我做完這個後，接下來呢？」

2. 在接下來要參加的會議中，記下會議結束前是否出現「接下來呢？」的討論，如果沒有就試著發起討論。

3. 在要寫的電子郵件中，想一下寫完後是否會出現「接下來呢？」的疑問，如果有的話，能否將這兩個內容合併，讓郵件更有效率地發揮作用呢？

4. 在上班時寫出一份必做清單，將上面列的事項排列優先順序，在這過程中你就會用到預先思考。

Chapter 10 還有什麼？

What Else?

還能有什麼？

我們早前已經確定，詢問「為什麼」的其中一個理由就是找出根本原因，為什麼會發生這件事？或是解釋為什麼這會發生？「還有呢」就是找出原因的另一項工具。沒有想法的時候，「還有呢」能刺激橫向思考，找出新的可能說法，「還有呢」是一項可避免過早斷論發生什麼事，或是接下來要做什麼的方法。

醫生在診斷病症時使用「還有呢」，如果你看了醫生且症狀非常明顯，醫生很容易就能診斷「喔！你得了感冒」，這時若問「還有什麼病會有這些症狀」，可能就要抽血、做鏈球菌（strep）檢查或其他問診如「你這裡會不會痛」，「還有呢」可延伸檢查，找出其他可能的肇因。

要有效地問出「還有呢」的方法，就是說「還有什麼原因可能會導致這事發生？」不論問題核心有多難找到，「可能」一詞可以打開探索的大門，找出原因。在自發性思考的模式下，你可能會放棄這類不像原因的想法，但使用思辨時會潛意識地評估這些原因。

「還有呢」還可用在進行的對話當中，從中找出好的想法。例如，為何這項產品的發表可以成功？一種回答可以是「因為我們有完善的規劃安排」，你的回答可能是「嗯，那還有其他導致成功的原因嗎？」有人可能會補充「因為上次發表會讓我們學到教訓，所以這次我們以前所未有的方式配置電話線，本來以為不會用到但最終還是成功用上」，此時便可以繼續探問「還有呢」。

人類相互溝通時通常會有某些反應使對方感到驚訝，這就是一種預先思考的失誤，「噢！我以為他們聽到這個會很開心」，你也可問問自己「這個狀況還可以如何解讀？（還有呢）還有什麼辦法能使他們改變看法？」

從「還有什麼」開始做起

以下是可以使用「還有什麼」的場合：

- **提升其他部分的檢查：定義字詞時，問問「還有什麼」意思，還有什麼其他解讀？還有什麼其他意思與這字詞相關？舉例而言，有人可能會將「品質」一詞定義成瑕疵的評估，此時在討論使用的方便性或客戶服務的可能性，或是要如何購買或維護某項產品上，問問品質「還有什麼」意思存在。**
- **你猜想自己知道原因或理由的時候：持續思考有什麼原因導致此事發生，或正使這件事發**

生，直到你完全毫無任何新的想法。

- 你認為自己知道原因或理由的時候：你認為自己知道事由，但當你深入了解才發現這並非真正原因，此時可以問問「還有什麼原因可能會使這件事發生」因為任何事情背後都會有真正的原因，如果一開始的想法是錯誤的，就繼續深入探究真正的原因，不斷地問「還有呢」就是很好的辦法。
- 腦力激盪的時候：使用「還有什麼」來激發新的想法、概念和說明，像是「客戶還會提出什麼要求？」或是「度假時還能做些什麼？」
- 建構或設計某事物時：問問「還有什麼方法可以完成？」
- 利用「接下來呢」找出「還有呢」：在問「接下來呢」或做這件事後可能會有什麼結果時，用「還有呢」的問題來刺激思考，找出其他「接下來」的想法和結果。

・思考優化重點・

提出「還有什麼」繼續思考，能刺激出新的想法和可能，並可避免過於倉促結束某個議題、想法或辦法。

「還有什麼」的小練習

1. 想一下你要完成的目標，以及相關的必要之事，問問「還有什麼」是你應該要做的。
2. 下次若有人說：「我知道發生什麼事了」時，聽完他／她的說明解釋後問「是否還有其他原因使這件事發生？」
3. 回頭看看你最後寫的五封電子郵件，除了你本來想表達的想法之外，「還有什麼」是這些郵件可能代表的意思？
4. 拿起桌上的任何一項物品，這項東西的用途是什麼？寫出二十五種該樣物品可能的用途，並持續問問自己「還有什麼？」

Chapter 11 因素表

The Ingredient Diagram

問題組成的因素

如果你要烤個巧克力蛋糕，但卻不知道食材有什麼，你如何做出好的蛋糕呢？那樣做的成品不會多好吃吧；以此類推，如果你想解決某個問題，但你不確定這個問題背後有多少影響因素，這樣要如何成功解決呢？

「因素表」是在釐清和結論兩階段間幫助轉換的工具，也就是說，此時你仍在釐清問題中，但是你正開始思考要從何處下手解決問題。「因素表」可以幫助你了解問題的其他可能影響因素，而最終的解決辦法，就是整合所有或更多的影響因素而產生的。

簡單的例子就是車子油箱已滿，你打算來趟長途旅行，而路途上你可能需要到加油站加油。雖然油箱是滿的，但你能開多久多遠？這仍有許多影響因素，看地圖時問問自己「我要在這條路上的哪裡停留？」這問題其中一個關鍵因素就是「每加侖汽油可行駛的英里數」（MPG），如果沒有考慮這項因素，你的解決方法就沒有立基點；另一項要考慮的就是速度，開車的速率會影響車子多久需要加油，其他的因素可能還有路上交通順不順暢、車上有多少乘客、是否有另外載運拖車，還有輪胎胎壓。某程度上你或許還會考慮得到風速，以及是順風開車還是逆風駕駛，如果你了解全部的因素，就能計算出準確的解決辦法，也就是知道何時需要再加油。

問題背後的影響因素就是可以定義問題的成因，問題也有助於描繪出所謂的「魚骨」圖表（因為延伸出來的樹枝狀曲線有點像魚骨頭），前面所述的問題中，停車加油前車子所能行駛的距離，其圖表就類似圖表11.1。

停車加油前車子能移動的距離，就是以下高階因素的變因：每加侖汽油能行駛的英里數、車子承載的重量還有車速。如果你能來回思考每一項，例如從MPG開始就看組成MPG的因素，除了車商對車子性能的評估外，車子本身的MPG也可是交通狀況、以及車子是否需要維修的變因。接下來回到因素圖表上的交通因素，這部分可能也包含一個星期的某天，和某天的某個時段，而你也同樣能在支線上填入承載重量和速度。

圖表 11.1 到加油前的移動距離——因素表

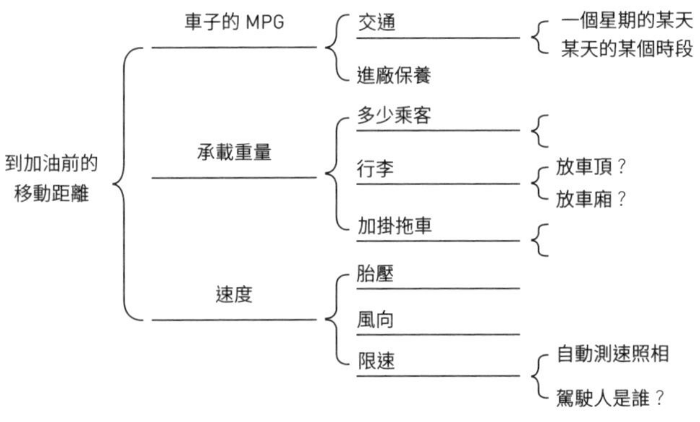

因素表有幾個特色：圖表可以不斷延伸，前面的例子只是簡單的圖示而已，但如果問題是如何改善生產力，而你自行列出了生產力的因素表，就可能會不斷延伸到很多層級、甚至很多頁。當列出來的詞語出現重複，或是同時被其他支線用，或是該支線已經沒有其他因素需要列出時，才會停止。舉例來說，在承載重量的支線上，因為平均重量是一個數值，之後就不會再有任何額外的因素出現。

何時要停車加油一例的解決辦法，在圖表11.1裡即列出了因素，如果任何解決辦法都可以，就選擇車子的MPG做為答案；如果想有更好的辦法那就繼續延伸，若能想到更多的因素，最終獲得的答案就更準確。

試試解決這個問題：要如何讓孩子自己整理房間？或將問題範圍擴大，你要如何驅使某人做某事？如果你希望孩子自己整理房間，你可能需要給他一個刺激（因素一），或許是獎金或特權，像是去外面玩；可能也需要說類似「如果不整理房間，就不能看電視」之類的話，而這就可能是結果（因素二），還有可能需要給出理由（因素三），例如有親戚要來拜訪。現在請嘗試畫出因素表，最終你需要確實考慮所有的因素，才能獲得你想要的結果。

另一個問題比較複雜：改善生產力，來看看生產力的因素表吧（請見下頁圖表11.2）。

圖表11.2中，影響生產力的因素包含以下幾種：工作量、需要的工時，還有工作的品質，來看看時間支線，這條線上所列出的因素包含主管，因為他／她可以指派其他工作（分散心力）、取消任務以及改變優先順序。（你還可以在圖表上增加更多細節）你自己的時間也是使用工具的變因，不論你的電腦是快或慢、是否有用正確的應用程式，還有你是否知道如何使用它們，這些都會影響工作花費的時間。回到圖上，你會看見訓練被放在應用程式下，因為你需要學習才懂得如何使用程式，此外還有支持，因為你需要快速解答問題，而你所集中專注的還包括工時，如果你不再於思考時間碰到中斷和更少的噪音，就代表你離成功更近了；繼續以生產力的因素表做練習吧。

當然若你想提升工作的生產力，有臺快速運作的電腦助益很大；但若想全面地改善生產力，方法就是將所有

圖表 11.2 生產力因素表

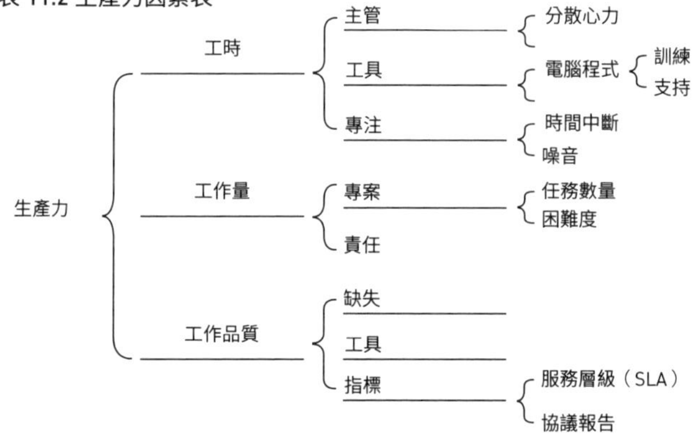

或多數起初用來定義生產力的因素考慮周詳。

因素表運用的下一步驟，就是分辨每項因素的重要性，前面車子何時需要加油的因素表範例中，車子的 MGP 數值會比風向或多少乘客來得更為重要。分配重要性能使你分辨出解決問題時哪些要先花時間處理，確保最終的問題解決辦法是考量所有重要的因素；而在生產力的案例中，你更常使用的應用程式會比有臺速度較快的電腦來得重要；而較重要的影響因素對解決辦法會有更大的影響力。

從因素表開始做起

以下是你可以運用因素表的場合：

- **你不知道該從哪裡開始：如果你知道如何解決問題，但卻不知從何下手時，畫因素表來定義問題的影響因素，很快就能發現起點在哪。**
- **腦力激盪或團體參與的期間：當團體要共同釐清某個問題時，因素表是發現新定義和新理解的好方法。比如在「我們需要改善生產力」的例子中，你可能會有兩個圖表，一是生產力，另一個是改善的因素表。接著你可以開始提出一些問題，例如「什麼叫做改善？」「有哪些影響因素（目標、指標、監控、修正等）？」**

- 思考有誰參與其中時：在釐清並接著要解決某項問題時，有正確的參與者很重要，或許改善生產力這個問題的其中一項因素就是刺激；而刺激的因素表可能包含獎勵和人力資源部門（因為需要獲得認可），因此創建出生產力的因素表讓你知道需要有人力資源部門的需求，若能儘早獲得人資部門的支持來找出解決辦法，遠比之後告知該部門某件事情無法實現來得重要許多，而從你規劃的因素表還可能發現，要儘早使更多人或團體，不論是同事、供應商或甚至客戶都參與其中的迫切性。
- 思考要在何處全力以赴時：畫出因素表時可以分配各個因素的重要性：因素一可能是最重要的影響因素，因素二可能不是；這樣的分配可助你決定在問題的解決過程中，哪部分需要全力以赴。

• 思考優化重點 •

惱人問題的解決辦法是考慮所有定義問題的影響因素，使用因素表來找出有什麼要因。

「因素表」的小練習

1. 如果以「學習騎腳踏車」來創建一個因素表，圖中會有什麼因素？（提示：腳踏車、輔助輪、父母、練習、支持、繃帶）

2. 來一個困難的例子：創建一個溝通的因素表，要如何與其他部門同事有良好溝通？有哪些影響因素？（提示：「為什麼要溝通？」、「有哪些溝通方法（如電子郵件、電話）？」、「這種溝通是單向還是雙向（包括聆聽）？」、「人際關係與此有何關聯？」）

3. 小組練習：與其他人一起創建一個「我們中午要吃什麼」的因素表。（提示：花費、人數、時間、距離、胃口、餐點）

4. 創建一個自動化的因素表，工作上有什麼手動操作的部分可用以自動化？

Chapter
想像藍圖
Vision

12

你的想像是什麼？

最後一項我要介紹用來幫助釐清的工具，可能變成你在現實中所使用的第一個，也就是關於問題解決辦法的「想像藍圖」。「當你解決問題後世界是何種樣貌？」碰到這問題或許你會直接回答，但當你描述最終情況時，問自己並想想看，這個問題是唯一要解決的嗎？如果答案是否定的，那還有什麼困擾你的問題需要解決，好讓世界照你想像的運轉呢？

這類對話想像可以有所啟發，但也同時令人感到不安。從好處想，你可以明確地表達想完成的藍圖，也就是你的主要目標，但最終可能只有一大堆令人頭疼的問題需要在這談話後解決。有時當你正開始解決某項問題，你卻發現有更多問題產生，因此一定得解決這些問題，方能完成想像。這種情況讓人感到洩氣，但因為你有「凡事都有辦法」的積極態度，所以你依舊從某項問題著手，此時你應該重新檢視問題清單，確保你處理的第一項問題是最重要且最有影響力的，如果不是這個，就找其他適當的先做。

假設當前困擾你的問題是「我們如何改善生產力？」你會使用普遍的工具，像是「檢查」、「為什麼」還有「那又如何」，同時你可以問問自己，生產力提升後世界會是什麼樣子，於是你推測自己能用比對手少一半的時間，創造出功能性更好、品質更佳的產品，使利潤加倍。這是一個崇高的理想，難道完成這個目標，改善生產力是唯一的問題嗎？當然不是，其他的問題可能還包括：

- **如何將產品開發期縮短百分之五十？**
- **如何確保產品完全符合顧客需求？**
- **使用哪種工具和方法維持不良率少於百萬分之一？**

因應想像列出的新問題清單中，你還要再問：如果這就是你所描述的想像藍圖，那你開始著手的問題是正確的嗎？還是你可能需要從其他更有影響力的問題開始做？

明確表達你的想像並與問題連結就是很好的團體合作工具，通常想像藍圖可以找出普遍的需求和定義，因此能清楚了解每個人是否在做正確的事，如此才能成功完成想像，並有所貢獻。

從想像開始做起

以下是幾個可以運用想像藍圖的場合：

- 清楚了解目的：有人對某項方案提出「為什麼」時，最好的回應是將該方案與想像做連結，如果對方了解想像，也清楚該方案與想像的關係，那就回答得出「為什麼」。
- 訂定目標和問題解決：身為領導人你要先想好，希望出現什麼狀況，或是你想要組員、部門、分部或公司完成什麼目標；但是你可能沒有完成目標前需要解決的問題清單，一旦你與想像藍圖做好「溝通」，就可以指定他人來幫助你，了解完成想像藍圖會遇到什麼問題。
- 為需要完成的計畫或需解決的問題把關：若他人有新想法、目標或是新的計畫和後續要處理的問題，你可以用對話想像來決定是否需要重新分配資源，你只需要問出「這個新計畫對於完成想像藍圖能否有助益？」
- 非真實的需求：需求不一定要真實，但需求必須為真的需求，就像前面第八章說明的，找出需求確保事情能完成很重要，而產生需求的方法就是想像一個振奮人心且理想化的藍圖，這樣就能產生情感上的需求，也可以讓所有參與者彼此有強烈的連結。舉例來說：「我們的目標就是成為全世界最厲害且最有效率的客服中心。」如果員工確實想完成這種情感上的成就，那這目標同時也會是情感需求，與實際目標同樣有用的一個辦法。

・思考優化重點・

使用想像藍圖來描述目標狀況可助於引導新的計畫、問題、主題和需要思考的決定，或是需要轉換的關注重點，讓你先行著手比較重要的部分。

「想像藍圖」的小練習

1. 寫下你的退休想像藍圖，若要完成這個想像會遇上什麼問題呢？

2. 你的小組、負責的部門、分部或公司是否有想像藍圖？如果有的話請列出前三名的優先事項，並說明這些事項對最終的想像是否有助益。

3. 你對當前工作的十年想像藍圖是什麼？要完成這個想像會遇到什麼問題？你已經處理了嗎？沒有的話又是為什麼呢？

4. 前面這些想像，例如退休的想像藍圖，有哪些需求與它們相關呢？你可能需要考量食物、房子和健康來照顧自己和另一半；另一項可能是需要看看孩子，或還是需要有效地參與某件事，這時可利用因素表來列出其他需求。

Chapter 13
思考教練
The Thinking Coach

思考教練的角色

在我們正式結束「釐清」這一部之前，我還想介紹一個非常重要的概念，也就是思考教練，這個角色在思辨過程中是舉足輕重的人物，在釐清階段上是必要存在的一員。雖然不是非得要成為思考教練才是最會運用思辨的人，但如果你之後想幫助他人思考，成為思考教練會是很重要的一個過程。

擔任思考教練就是使他人思考，並回答他們的問題，來幫助他們在釐清的同時找出更多的想法，你所要做的就是問問題，但要注意：不能對他們的回答予以評論。不能給予任何建議，也不要露出笑容、皺眉或是評斷他們的回應，在釐清的過程中，思考教練只需要專注一項目標，就是幫助學員釐清問題，舉例來說，如果對你的學員來說，「更快」一詞定義的是「比我完成的再多一個」，這夠明確的話那就是如此了，即使你認為應該要多五個也不能更改。這種狀況中你的意見根本不重要，你必須要維持無關緊要的態度，「誰管你的問題是什麼，你要怎麼解決都不關我的事；我只在意你是否清楚了解問題。」

如果你從未有碰到問題的經驗，那就容易完成思考教練的角色，因為你用不著提出建議或見解，若你經歷過這些，或已對情況瞭若指掌，那坐下來聽取他人說明是很難的一件事，畢竟我們都想幫上忙，你可能會急著說：「嘿！何不用這個辦法？」但透露你自己的看法無法幫助他人釐清問題。

為什麼要當思考教練？

如果你是領導者、管理職或主管的角色；如果你要籌備會議或計畫；如果你的孩子或同事正向你尋求建議，那你的職責之一便是思考教練。如果你能完成這個工作，那你便已成功傳授思考技巧，並是學生可以看齊的好榜樣，你問獎勵是什麼？當其他人也會思辨，他們就更有效率地完成更多工作，你也不用擠破頭地想東想西，因為他們也同時在思考。

思考教練的案例

假設有人對你說：「我的目標是增加生產力」，身為思考教練的你可能會有以下回應：

「為什麼你想完成這件事？」（「為什麼」）

他回：「如果我可以做更多，我就有更多的責任。」

「為什麼你想要這樣做？」

「可以賺更多錢。」

「所以這才是你的目標嗎？」你可能也會問「生產力要怎麼定義？」（檢查）

「在更短的期限內完成更多的工作。」

「還有其他的嗎？」（「還有什麼？」）這就讓對方列出所有生產力對他來說代表什麼（的因素）。

雖然基本上沒有指明，但你正運用思辨工具，當你不斷提問時，對方逐漸釐清問題。當然如果他／她了解何謂思辨整件事會容易得多，你可以直接說「來用思辨吧，我來當你的思考教練」然後順勢發展下去。

如果你曾有類似經驗，也許會說：為何不乾脆直接溝通問題呢？

其實，思考教練的目標就是幫助學員引導想法，過程中你可能會碰到這種情況：如果直接給他答案會不會更簡單、更有效或更好呢？畢竟你遇過這狀況不下百次，為什麼還要經歷他人在學習過程上的痛苦和風險？

經驗是你擁有最寶貴的資產，所以要跟其他人分享溝通你的經驗和給予建議當然沒有錯，但是你要知道在你溝通時，你扮演的角色已經改變，你不再是思考教練，而是思考問題的參與者之一；這個角色也很好，但它畢竟不是思考教練，要成為思考教練只有兩個原因：

- **以思辨的方法來指導他人如何理解和分析問題**
- **找出你未曾想過或尚未了解的想法**

如果你只想要快速解決問題，最好就要成為問題解決的一員，而不是思考教練。

思考教練的十大原則

以下是成為思考教練的十大法則，若想成功扮演這個角色就要完全遵守規定：

1. 解釋自己思考教練的角色
2. 如果情況緊迫就別擔任這個角色
3. 只問開放性問題
4. 假裝自己對狀況一無所知
5. 不要提出會使對方以你想法為主的問題
6. 永遠等待對方回應你的問題

7. 聽取對方的回答，並詢問釐清觀念的問題
8. 讓你正幫助的人毫無顧忌地思考
9. 記住任何回應都有其優點
10. 要知道如果給出評斷或任何想法見解，則教學立即終止

從成為思考教練開始做起

以下是幾個適合扮演思考教練的角色：

- 協調者：幫助一位或多位在思辨階段中釐清問題的人。
- 自我教練：當你想思辨但身旁沒有任何人可以幫忙時，你必須成為自己的思考教練。你可以毫不避諱地質問自己，但同時一定要給出答案。（注意：這種方法需要大量的自我訓練）
- 指導功課的人：如果你的孩子向你尋求作業上的幫助，要直接給他們答案，還是幫助他們了解如何找出答案比較好？這就是成為思考教練的時刻。
- 經理、主管或領導者：有人向你尋求協助、建議、解決辦法或意見，你可以直接給他想要的意見，或者共同討論如何幫助他們找到答案；如果你打算用後者，就採取思考教練的模式吧。

・思考優化重點・

思考教練的角色就是讓他人思考，別管你自己的想法，只要提出問題就好。使用思辨工具、等待答案，然後問更多問題。

「思考教練」的小練習

1. 假設員工跑來找你，「老闆，你能不能指導我這個解決辦法是否方向正確？」此時，你要怎麼回答他呢？
2. 再想想這一個：「經理，我跟X部門溝通不良，我該怎麼辦？」（提示：千萬不要問「你覺得應該要怎麼做？」因為這問題就跟員工問你時一樣；試著利用思辨工具，問他「你說的溝通是指什麼？」或是提出「那又如何」的問題：「為什麼對你來說這是問題？」雖然這是以「為什麼」來提問，但實際上你是在問「那又如何」，也就是如果跟X部門溝通不良又有什麼影響？）
3. 你要求某人思考與某事相關的風險，除了詢問有何風險，想想看還能提出什麼疑問。

Chapter 14
「釐清」的總結
Summary of Clarity

釐清：清楚了解困擾你的問題

這一部介紹的各種工具是用於幫助你了解任何困擾你的問題。比起一般的思考，思辨時一定要多花心思在釐清階段。事實上，你可能會和其他人一樣感到不耐，甚至會說：「現在可以繼續解決問題，停止討論了嗎？」此時請記住，我們之所以不想多花時間釐清問題，就是因為我們不常花時間思考這個部分，特意釐清其實是蠻困難的事。了解問題並非容易之事，這不只是訓練，過程還令人洩氣、不舒服甚至感到挫敗，你會碰到一大堆的「我不知道」，還有「我不管了！」但釐清是很重要的步驟。許多計畫、方案和目標之所以無法成功，最大原因在於一開始就沒有好好理解問題，因此對於困擾你的問題，一定要弄清楚，然後按部就班解答，最終一定會有所獲。

開始吧

從小事開始運用思辨，先不要想著解救全球饑餓之類的問題；從自己個人的交流開始了解，像是要不要寫封簡單的電子郵件，接著運用檢查來決定如何著手，之後將範圍擴大到會議邀請，並以「為什麼」來表明邀請的目的，且在出席會議的時候，使用「檢查」、「為什麼」和「那又如何」。當然，問這些問題的時候請小心，不要想在會議上釐清每一句話的涵義，問個一次或兩次就好，其他的人會跟上；然後請以思辨考慮更複雜的情境，例如計畫要求和優先要處理的事項，如此一來你定會喜歡思辨之後的結果。你會發現從微小事物上多花點時間，就可能有顯著影響，接著你就會想要獲得更多，擴大使用範圍。

練習

思辨就像其他技能一樣需要練習，你不可能只是閱讀某本書然後就非常了解書中的內容，我們要求不多，每天只需在小事情上練習五到十分鐘就好，畢竟在學如何騎腳踏車時，你只會在家附近和鄰近地區練習，而不會直接參加環法自行車賽！我所說的練習並非要你停下手邊工作來做，而是指連同工作一起好好練習，像是談話前要寫的電子郵件，或是會議上的練習都可以，從簡短的小問題開始就好。

每次練習用一項工具，像是因素表的工具就需要更多練習，但這類工具可以多次演練，你不用在紙上寫滿圖表，或是寫超多張，只要到最高層級後就可停止。

與其他人練習也很重要，如果只有你自己讀過這本書，就將其他工具換種說法，讓其他人一起練習。或許找個同事一起探找工作上「更快的」一詞的定義，一旦練習過，你就準備好用思辨來思考更大的問題了。

釐清：不是問題解決而已

在釐清這個階段中，每個人都會有想直接把問題解決的強大欲望，任何解答的想法會不斷出現，特別是使用「為什麼」和因素表這類工具之後更是如此，這些想法可能都不錯，但也可能毫無幫助，此時請將這些想法寫下、列出清單，但千萬不要停止釐清的動作，繼續理解下去；我們經常很早就下定論，但這樣不會成功的原因在於我們對於真正的問題還未完全明瞭。

何時會知道釐清完成與否？

這是個很好的問題，更是個沒有絕對答案的問題；問題解決沒有固定公式，如果有的話，我們大可以將全球問題代入公式裡，這樣就不會有任何問題存在了。遇到問題時只能想出解決辦法，才能給予解答；同樣地，了解問題的過程中沒有絕對的停損點，全靠個人評斷，但是還有一個幫助你評斷的法則，那就是你已經準備好進行下一步，並且能夠肯定地回答「討論問題的所有人是否都已對問題定義有了共識？為什麼我們要討論？有哪些部分要留意？為什麼這問題需要解決？

如果成功解決又會如何？」等問題；換句話說，對於真正的問題，你是否把握時間問了足夠問題？如果你的答案是肯定的，那就完成了釐清（或是比答案是否定時還要更明白些），此時就可以走到結論並決定如何解決問題。另外有個評估是否完成釐清的測試：讓所有討論問題的人分別寫下他們認為問題的定義是什麼（不是解決辦法，而是問題本身），如果每個人寫的都一樣，那你就成功了！

不過，思辨的過程並不能保證在結論前已完全釐清問題，同時也不能確保你的解決辦法一定完美無誤；思辨能做到的是提升「不用重複思考同個問題」的可能性，並在第一時間中找出有效的解決辦法，當沒有人再為問題而感到困擾時，釐清便已完成，可以進行結論。

我是否能自己使用思辨，而不用跟其他人一起？

簡單來說是可以的，但這仍舊需要多次的自我訓練方能成功，而你必須對自己完全誠實。在自問為什麼這件事很重要時，你千萬不能虛應了事地回答「因為它就是重要」，而是得像在跟別人討論般地回答問題，這就是自己使用思辨時容易忽略的部分，因為沒有其他人能讓你誠實或提出你根本不想回答的問題；如果你能一人分飾多角，那就能成功完成思辨，提問的人是A，回答的人是B，切記不要搞混了。

・思考優化重點・

計畫、方案、問題、決策、方針和策略，這些任務之所以無法成功，最重要的原因就是一開始沒有確實釐清問題。了解、明白問題是思辨過程中的第一步，這可幫你和其他人有效了解目標或問題。

PART 3 下結論

Conclusions

上一部中你已了解「釐清」的重要性，如果你不明白問題的意義，就可能解決了不對的問題；你也學會運用許多工具幫助你思辨，同時更清楚問題在哪，雖然釐清是件好事，但不代表就能完全突破重圍，最終的目標，是在釐清後解決對的問題。

現在是時候提出想法、解決辦法及相關必要之事。所謂問題解決，就是以開放性的態度檢視情境，**做出最終決定**，這就是找出結論的意義，即針對問題有所行動。

因此這個部分將仔細說明，如何使用這些令人大開眼界的工具，來幫助你、我和其他人找出結論，即解決辦法和必做的事。你將慢慢發現每個人都以同個方式找出結論，但我們個人特質會影響尋找結論的過程，因為我們的信念和價值觀在行為上扮演很重要的角色。

當然我們無法憑空就解決問題，而是與他人共同解決問題，就算你的目標是說服他人支持你的意見或觀點；一旦了解結論後，你就能直接運用它，更容易說服或影響他人。這一部的內容中，你會學到用來說服他人的思辨技巧，我們還會討論跳脫框架的思考方式，以及如何在過往經驗中，整理出最具創意性的想法和思考。

「不要預設立場」、「不要太早下定論」這類說法我們不知聽了多少次，現在就忘記這些老調重彈的描述性語句吧，它們不僅容易誤導，對我們更沒有任何好處；但說到預設立場，自發性思考和思辨兩種模式對此則有很不一樣的見解。

讀完這一部你將確實學到一件該記住的事：一切都跟前提有關！

接下來的篇章裡，我將會詳細說明形成結論基礎的五種前提要件，分別是事實、觀察、經驗、信念和假設。與「釐清」等單一使用的工具不一樣，這五個要件要一起用才能形成結論，我們先一一解釋它們的定義，再綜合起來以範例和練習來討論。

Chapter 15
一切都跟前提有關
It's All about the Premise

演繹法

每當談到所謂的演繹法，希臘哲人亞里斯多德通常都是第一個被想到的人物，柏拉圖和蘇格拉底也算演繹法的創始人之一，甚至早在埃及人和巴比倫人時期就有演繹法的運用軌跡，不論是否有文字記載，人類事實上早已有好幾千年使用演繹法的經驗。

以下是兩個可能從洞穴人時期就有的簡單例子：

「當天空降下水填滿了池子，我就有水可以喝；現在正下雨，池子正被填滿，我將可以喝到水。」

「碰火會痛，現在有堆火，如果我碰它那我就會痛。」

更現代的例子有：

「全球導航系統（GPS）指示某條路線，但我開往別條路，GPS會說：『重新計算中』。糟了！我剛忘了轉彎，我現在得走另一條路，那GPS一定會說：『重新計算中』。」

「每位新進員工都得參加新進員工訓練，我們剛招聘一位新員工，所以他也要參加新進員工訓練。」

「我手上的杯子裡裝滿紅色彈珠，如果這描述是正確的話，那拿出任何一顆彈珠都是紅色的。」

演繹法裡第一個敘述屬一般事實，以此事實做為基礎，我們便可以決定特定情況也為真。經典的範例是：所有人類都會死（一般事實），我是人所以我也會死（特定情況）。

在演繹法的法則下：

- **每件事非黑即白，沒有灰色地帶；沒有不確定的事，只有真假之分；沒有「有時候」、「或許」或「看情況」的說法，根本不需多做討論。**
- **沒有人會說「但是」，如果前面描述（前提）是真，那結論就為真，沒有任何彈性空間，也不會有爭論或疑問存在。**

然而，生活中大部分的事件並不是真的非黑即白，我們的每一天都充斥著「或許」、「看情況」和「有時候」，就連我們經常用來描述事物的「總是」和「從來沒有」，也並非絕對如此，通常它們的意思是指「幾乎總是」和「幾乎從來不」。

因為沒有所謂的絕對真實，所以我們事實上也不常用演繹，你可能很容易聽到「一生能確定的就是死亡和賦稅」，有些人不用繳稅，所以對他們來說死亡是唯一確定的事，但是所有人都會死亡，我是人所以我也會死，或許這樣的說法在今天是成立的，但你能加以爭論並非絕對真實的部分，如同醫學和科技的進步。

歸納法

歸納法也有一段很長的發展歷史，早年可能會在以下情況中使用歸納：

「將動物屍體擺在洞口通常會吸引其他可以抓來吃的動物，因此我現在把動物擺在洞口，就會有其他動物過來讓我抓。」

現代的例子有：

「前十次我跟主管談話的結果都有更多的工作要做；我應該跟主管討論這次的企劃，但這代表我很有可能又得做更多工作，所以我決定不要跟他談了！」

「過去公司決定漲價時客服部會接到更多電話，下週我們將漲價，所以要有心理準備可能會有更多電話。」

「早上通勤的尖峰時段若下雨，我就會花上較多時間才到公司，今晚的氣象報告說明早上班時間會下雨，所以我可能會花更多的時間才能抵達公司。」

歸納法中，前面的敘述會有許多特定的情況，像是時間、經驗等，讓你能藉此產生對未來情境的想法，特定情況重複愈多，就更容易覺得會發生同樣的事。

看看這個例子：某位客戶打電話來說，「我覺得你們的產品有問題，打開盒子時發現它壞了。」難道你要跑去製造部門，大喊所有的產品都有瑕疵嗎？當然不會，但是如果一小時內你接到一百通客戶投訴的電話，每人都說「打開盒子時發現產品壞了」，又該怎麼辦？比起說「謝謝，我會立即反映相關部門」然後掛掉電話，你可能會加緊速度到製造部門去。這類產品損壞的案例可能是因為運送失誤，但一小時內一百通投訴同樣情況的電話，就代表產品本身可能真出了問題。

我們將前面敘述或情況稱為「前提」（客戶打來抱怨產品壞了），結果（產品有瑕疵）就是結論。一旦前提敘述更加堅定（一百位客戶都打來抱怨同一個問題，而不是僅有一位），則結論就更有可能存在（產品真的出現問題）。

還有幾點需要謹記：

- **一提到歸納法，就表示結果是無法保證的，只有是否發生的可能；在前面幾個例子中，可能根本沒有動物出現、你的主管也可能不會給你更多工作，或者客服中心這次根本不會接到更多電話，任何結果都不是絕對的。**
- **幾乎所有的思考都是歸納法，一天內我們會以歸納找出無數種結論，例如一天必須得從起床開始，「起床」就是結論的一種。**

- **前面敘述（前提）越堅定，結果（結論）就更有可能發生，而你對該經驗的信心就愈高。**

雖然真實世界中僅有少數確實的事物，但有更多事情是可能發生，除非真有什麼是絕對確實，那我們就能用歸納的方法找出結論。自發性思考的模式下，一天內會有無數個結論出來，舉凡穿什麼衣服到車要往哪裡開，甚至是要說什麼，這些過程中的每個決定幾乎都是歸納出來的結果。

一切都跟前提有關

請記住，前面敘述（前提）愈堅定，結果（結論）出現的可能性愈高，我們對事情發展的自信也更高。前提是由事實、觀察、經驗、信念和假設組成的（請見圖表15.1）；一切都與前提相關，這是事情發展的開端，也是建立結論的基礎。雖然我們仍舊得定義敘述中的語彙，圖表15.1說明如何使用前提裡的每個元件，及結論如何出現的過程。

我們會使用事實、觀察、經驗提出前提當作基礎，然後透過信念予以

圖表 15.1 結論過程

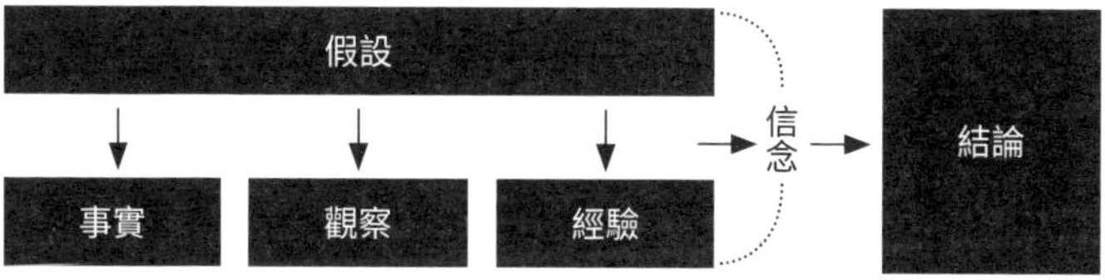

過濾進而產生結論。

接下來我們會分別說明這些元件，並在第二十一章回頭再看這個圖表。

現在讓我們仔細看看被指涉為前面敘述的前提，其組成元件如何運作。準備好了嗎？那先來看看「事實」吧。

・思考優化重點・

我們的思考幾乎全都是歸納法，其過程是由事實、觀察、經驗、信念和假設組成的前提開始，前提愈堅定，則你對之後形成的結論會更有自信。

Chapter 16 事實 Facts

事實就是「絕對真實」

思辨裡我們將「事實」定義為「絕對真實」，只要是事實就不會有爭議出現，例如「你正在閱讀本書」就是一個事實。事實就是事實而非傳聞、意見或謠言。

如果有人說「事實就是如此」，並非是指接下來的事情是真實的，還記得最近一次的總統（或任何政治相關）辯論大會嗎？兩位參選人皆起立說「事實就是如此」，但是他們說的卻彼此矛盾，如果真的是事實，就不應有矛盾出現，因為事實是唯一真實，因此這些候選人提出的意見並非真的是事實，從隔天的報紙就能知道這些「事實」有多不真實了。

在你不斷地聽聞同一件事，你會開始誤會這是否是事實，或是有人自信地敘述某件事時，你會覺得真有其事；但不論是哪種情況，這些事都可能是事實而已，除非你知道資訊來源為真，才有可能真的是事實。

「事實」在前提裡非常重要，因為事實是絕對真實，你可以寄望於它，可以自信地描述它，使前提更站得住腳，而單就事實而產生的結論也具備高度可信力，因為它是演繹法的基礎，雖然你不常使用演繹法，但當你演繹時多半可以出現正確的結論。

數學也以事實為本，法條和規定也常被當作事實，科學則是創造法則，除非之後被推翻，否則也會被當成是事實般地存在。

然而不幸地是事實並不多，我們無法確實得知未來會如何，因為事實即絕對真實，所以未來的事情不是事實；如果有人對未來做出陳述，不論他說了什麼，那都不會是事實。舉例來說，假設明天太陽依舊會在某個地方升起，這個是事實嗎？雖然這顯然極可能為真，但太陽明天是否還存在則無法保證，它很有可能會爆炸，某個小行星可能會在今晚撞上地球，儘管這兩種狀況很難發生，但因為兩者皆有其可能性，所以「太陽依舊會在明天升起」的敘述就不可能是確定的事實。

看看這個敘述，「我明早八點有個會議。」這是否為事實呢？你可能以為是，但實際上這非事實！因為有太多太多原因可能會使這個會議無法如期舉行，如果說「按照日程，我明早八點排定有場會議」這說法就是事實，你知道這是真的，但是會議究竟有沒有舉行則沒人可以保證。

再換一個例子：「我公開釋出了職缺，現在我已經看了十五份履歷。」如果這個描述為真，則這是事實，但這並非指你會成功聘雇某人，或是這個職缺一定會繼續公開應徵，這也沒有表明你確實看完了履歷，只是很有可能看到了履歷。

這一個呢：「某個客戶打電話來說，公司郵件內提到的新政策讓他非常不滿。」如果你覺得客戶是指購買公司產品的人，且他正好從你公司購買了產品，那這個人就很有可能是客戶；而公司寄送了說明調整費用的新政策的郵件就是事實，因此，客戶打電話來說他不滿意也是事實，但是他真的不滿意嗎？或許他只是覺得可以有更好的價錢才這麼說，或許他的不滿只是失望，或是只是心煩；他說他不滿意的確是事實，但你不能確定他是否真的不滿意。「不滿意」會出現的定義有太多模稜兩可的空間，切記，就算在這個例子中真的有得討論，那他究竟多不滿意呢？所以我們不能說他不滿是事實。

以「那又如何」使用「事實」

某人聲稱他提出的是事實時，最方便的釐清工具便是「那又如何」，這個問題可以幫助你在考慮過後找出事實的重要性，想想前面看了十五份履歷的例子，其中的「那又如何」可能是難以找到適當人選，所以需要從其他管道尋找人才，或是因為昨日才開始公開徵選，所以看了十五份履歷的確是件好事。

事實或不是事實？

看看下列舉出的事實，決定他們是否為真：

事實：詢問客戶如何改善我們的服務，對方說：「五天內成功運送商品。」這裡的事實是什麼？直接向客戶詢問是事實，但對方雖然確實地表明，可其背後真正的意義卻不見得是如此；客戶說我們應該要在五天內成功運送商品，但若是六天內送他可能也覺得不錯。

事實：「外面在下雨。」我知道這是真的，因為我人在外面，雨就下在我身上且我全身濕透，因此「下雨」是事實。

事實：「目前我們平均要花上兩個小時才能完成這個任務。」如果這個數據正確，那這就是事實。

事實：「我們如果獲得這份合約，就得再招聘五個人。」這不是事實，因為這是未來的事，你可能發現你得再招聘五個人，但你也可能不用，或許你能找到可以一次做兩人份量的員工，又或者有員工離職，這樣你反而必須再找六個。

事實：「有些人並非好的溝通者。」

這是不是事實呢？我們對於「溝通良好」會有自己的見解，並以此為基礎，確認這個敘述是事實。我們都碰過不好溝通的人，難道這就是事實嗎？這是絕對真實的敘述嗎？會不會有進一步討論和爭論的空間呢？一個問題就是「什麼叫做好的溝通者？」除非我們能對好的溝通者確實定義，否則這敘述就非事實。

如果有件事情不是事實，那什麼才會是事實？這時我們就需要加以「觀察」，這也是我們的下一個主題。

・思考優化重點・

事實是假設的組成元件，而且是要絕對真實。實際上事實並不多，發生在未來的事件或預測都不是事實；**事實無法爭論，也並非「極度有可能」，而是百分之百確實存在的事。**

Chapter 17 觀察 Observations

大量的觀察

前一章中我們討論了組成前提的第一個元件——「事實」，接下來要談「觀察」。

「觀察」包含了所有我們讀到和聽到的事物，觀察是否絕對真實無法得知，我們可能也非一一體驗過，但如果某件事的觀察是絕對真實，則它就是事實；大部分的情況下，向某人提出疑問時得到的回應就是觀察。

早上閱讀晨報，某個不怕死的人騎著摩托車飛越了多輛校車，此時你正在觀察。你不知道他是否真的騎車跳躍了校車，但這則故事是從某個可靠的來源得來的，因此它可能為真，但你無法確證，因為你不在現場，你就不算見證了整件事的發生。

以下是幾個「觀察」的範例：

- 在 TripAdvisor 網站上閱讀某間餐廳的評論。
- 一場產品品管的複查會議中，你正閱讀一份表明客戶滿意度高達百分之七十二的報告，但你不知道這個數據從何而來，準確度有多少，或是客戶評比的標準是什麼。這份報告會延伸出對話，所以這樣就是「觀察」。

・氣象預報主播說「明天會下雨。」

・有線電視新聞網（CNN）主播安德森・庫柏（Anderson Cooper）說：「總統簽核了一份新的稅賦法案。」

為什麼以上皆是觀察？因為你不知道這些是否絕對真實。

「事實」和「觀察」之間很容易混淆，但有可靠消息來源的報告多是重要且容易被當作事實（不然那個人為何要說謊或刻意編造？）儘管這份報告只是觀察而已，因來源可靠而提升的重要性，可以使前提的組成元件更為有力。

舉例來說，比起偶然聽見認識的人告知的消息，我們多半會相信好友或親戚告訴我們的事；消息來源不用一定是人，可以是資料庫、新聞報紙或網路。或許你會聽到有人說：「未來十年地球將被距離二十英里範圍內的小行星擦身而過。」當你問：「你從哪得知這個消息的？」他／她回道：「我從一個討論世界末日的網站上讀到的。」你可能因此覺得這是不可靠的消息，因為你分辨得出可信度很低的資訊；但如果某位知名的太空人說了同一件事，甚至以他從望遠鏡觀察到的狀況做為佐證，你可能就會準備找地下避難所了。

儘管「事實」和「觀察」很容易搞混，分辨它們其實很簡單，如果你能肯定地回答「這個資訊不用懷疑，也不用多做討論或解釋，毫無歧義的絕對真實」那這就是「事實」，如果你的回答是不，而且你從未經歷過，則這就是「觀察」；總之，觀察有「是真或是假」的可能性存在。

「觀察」需要討論並了解其準確性多高，或是在某些情況下得確認這些觀察是否真實。有人會說「我們的客戶想有更快速的服務」，這聽起來是事實，但如果有些客戶想要的是更好的服務品質而非服務速度，就必須討論深入了解。

假設你說「我有一棟房子」，如果你有貸款，那正確地說是你跟銀行共同擁有這個房子，如此一來就會出現對話，討論你貸了多少款，而這就是種觀察。

你的老闆說「我們的員工很積極」，這個敘述可能指整體來看員工多半積極，但有些職員或許並非如此，在某些情況下他們並未積極地工作，這時關於這群員工或是特定情況的討論，就能幫助了解情況，這就是種觀察。

某個政治人物說：「今年我們已刪減一千萬美元的開銷。」實際上可能已刪減一千萬美元，但卻增加了八百萬美元的花費，因此真正刪減的只有兩百萬美元而已，這也是種觀察。

分辨「事實」和「觀察」之所以重要的原因在於，我們會使用「事實」和「觀察」做為找出問題結論的前提，事實非黑即白，而觀察則是需要釐清和討論。成功釐清這兩者可幫你對表達情境時使用的選項有更深的了解，如果某件事經常發生，你可能會做出這個行為；反之如果某件事很少發生，你就會做另一種行為，因此分辨出「觀察」很重要。舉個例子，你可能會說「腳踏車上的鎖鏈總是會掉。」一番討論之後，這句話可能是指「每當我更換前輪或是騎上較陡的山丘時，上頭的鎖鏈掉了很多次。」這麼一來，如何解決這個問題的結論在這兩種不同的情況裡就會大大不同。

當有人使用「總是」、「從不」、「沒有」、「全部」或是「每一」這類詞彙時，你應該要皺起眉頭，因為這類語彙的描述雖表明是事實但實則不然；舉例來說，「我們總會將重的裝備搬到那裡」可能有些情況讓你避免使用往常區域，但這裡的「總是」其實意思是「大部分時間」，這就是觀察。一旦使用「總是」和「從不」這類詞彙時會斷絕討論的可能，因為沒有值得延伸探討的部分，如果這為真就很清楚，但大多時候根本沒這麼絕對。因此，要把這種敘述變成一種觀

・思考優化重點・

「觀察」可以是事件、頻率，以及我們不知道是否絕對真實的資訊，甚至是我們從未經歷過的事。即便有些事情聽起來真實，或是某位可靠的人已經觀察過，但假如你不確定它是否絕對真實，那它就僅僅是個觀察而已；它雖然是真實的，但也可能不是真的。「觀察」需要討論其背後的情況，對情況加以了解將有助於引導出更準確的問題解決辦法。

察，試圖深入了解情況。

我們將在第二十一章〈結論：將所有組合在一起〉重新討論「觀察」，目前這我們已經討論過兩種前提的組成要件：事實和觀察，接著來看看下一個要件吧。

分辨「事實」和「觀察」的小練習

以下是「事實」還是「觀察」？

1. 你正讀著這個句子。
2. 在地球如果掉了某樣東西，會掉在地上。
3. 窗戶是玻璃做的。
4. 現在的經濟比二〇〇九年還好。
5. 計畫預計四十五天內完成。
6. 成功的企業有創新的產品。
7. 我的主管負責評估工作表現。
8. 身為主管我需要評估這份報告的成效。
9. 我們的競爭對手剛調降價格。
10. 過去一年我每天收到超過五十封的電子郵件。

解答：

1. 事實，除非有人讀給你聽，那就會是觀察。
2. 觀察，你可能以為這是事實，但如果你掉了一顆氦氣球，氣球會往上飛！如果敘述是「地球因為引力會吸引物體」，則這句話根據當前我們對科學的了解就是事實。
3. 觀察，所有的窗戶都是玻璃做的嗎？我不知道，如果你也不知道，則這就是觀察。
4. 觀察，多數人可能會同意，但如果他們失業了就不會這樣說。
5. 觀察，如果日程表上有寫可能就是事實，但很多事情可能會發生，致使預定完成日延期，因此這是種觀察。如果敘述是「計畫排定在四十五天內完成」則這就是事實。
6. 觀察，雖然這很有可能為真，難道就沒有一家成功企業不以創新產品出名嗎？許多公司非常成功是因為營運得當，而非他們是否創新。
7. 事實，如果這敘述出現在主管的職務說明內容中，那他／她就要為此負責，因此這就是事實。（這並不代表主管會做，但他／她要負責）
8. 事實，如果你的職務說明中有這項那就是事實。
9. 觀察，全部還是少數？短暫或是永久？
10. 事實，我無法為你擔保，但這對我來說絕對是事實！這不是指我持續每天收到超過五十封電子郵件，因為可能會有嚴重通訊出錯，或是某天網路異常緩慢，但過去一年我確實每天都收到超過五十封，對我來說這個行為是事實，但對你來說只是觀察，因為你不知道這是否為真，說不定是我瞎編呢（真是如此就好了）！

Chapter
經驗
Experiences
18

你的經驗

經驗可能是你擁有的最寶貴資產，因為經驗是自己第一次參與的所有元素結合，你曾在哪個地方、曾發生這件事，或曾看過的事物，這些就是經驗。

經驗只從過去裡出現，雖然對你來說是真實不過的情節，但記住你的大腦會編造、會丟棄它覺得不必要的東西，還會曲解事情。就算你曾有過經驗，也不代表你的解讀與其他遇過相同事情的人一樣，舉例來說，兩個人可能在同一家餐廳點了同一道餐，離開餐廳後，其中一人說「這頓飯和餐廳都很不錯」，但另一人說「我沒有很喜歡那道菜，嚐起來還好，而且裡面好吵。」

還記得我們之前討論要把籃子裡的東西清掉嗎？在這種情況下，清掉籃子之所以這麼重要，就是可以了解你的籃子裡有什麼：你的籃子裡裝的是來自經驗的東西，在找到結論的過程中經驗扮演的角色很重要，如果你還不清楚籃子裡裝了什麼，就不知道會有何經驗引導你找到結論，因此，結論的內容就變得狹隘。如果你了解籃子裡的東西，並可果斷地丟棄，或至少暫時忽略它，那結論內容會更有廣度，還能找出以往被大腦丟棄的想法。舉個例子，假設你與某個不合作的人有過不太愉快的互動經驗，雖然你不知道當時對方的態度為何如此，你的籃子裡還是裝了當時的經歷，此時你就需要從同一個人身上獲得一些訊息。如果你的籃子不是空的，你就會以冷淡不親切的態度說「你可以說說看這個東西嗎？」

然而，如果你像從未發生過任何事般清空籃子，你就可以接近這個人說「嗨，你能不能幫我一個忙？我有個任務下個禮拜要完成，所以我需要這個資訊，可以請你幫我處理一下嗎？」原本你還在想要如何請這個人協助，在籃子清空後會有不一樣的結果，而他／她能提供的協助也會有所不同。

以下是幾個可以幫助你分辨「經驗」和「觀察」的範例：

- 有人對你說「外面在下雨」，這是一種觀察。
- 如果你在外面淋雨，而你說「外面在下雨」，則這是種經驗。
- 晚間新聞說你上班路線明天會施工，這是個觀察。
- 晨報上說你上班路線今天會施工，這是另一種觀察。
- 你按照平常走的路線去上班，然後你看到施工，這就是經驗。
- 一位同事跟你說「我們明天要開會」，這不是事實，因為這是未來的事，你不知道是否真會發生；這也不是經驗，因為只有未來才知道，因此，這是種觀察。

到此，讓我們再復習一下：

- **事實是絕對真實。**
- **觀察並非絕對真實，而你也尚未體驗過觀察。**
- **經驗就是第一次遇見的人事物。**

那又如何？

扭轉一下情勢，稍微用思辨的方式想想，問問那又如何：也就是說，它是事實、是觀察或經驗又能怎樣？又有何重要？

事實是絕對的真實，因此你可以信賴它；以事實建立的前提，如果陳述非常有利，甚至還能讓之後產生的結論非常可靠。

觀察通常不會比我們自身的經驗來的重要，我們通常會相信親眼見證的事物而非他人的說法，特別是當我們有個人經驗時更是如此。觀察會產生可信度有多高的討論，內容非常多元，從天馬行空的小說到高可信度的真實都能討論；而經驗則會引導出，問題出現的頻率、相關性還有代表什麼涵義的討論。

後面的第二十一章〈結論：將所有組合在一起〉中，我們會評估這些前提的組成元件，再來找出結論，但還得請你等等，因為我們還有兩個前提的組成元件要談，也就是信念和假設。

・思考優化重點・

經驗是你曾實際到過、完成過或至少曾嘗試、親眼見證過的事件。但「曾經參與」並不代表你不會曲解它，雖然你的確曾經歷過，但你若能有更多特定主題的經驗，則你提出來的假設就更加有力，經驗固然很好，但在思辨中它們並非單獨存在，因此要留意經驗。

分辨「事實」、「觀察」和「經驗」的小練習

以下是事實、觀察還是經驗？

1. 有人對你說「哇！路上超塞的。」
2. 你正在開車，而你說「哇！路上超塞的。」

3. 你開車路過了一個號誌，上頭寫「前方壅塞」。
4. 我們的企劃總是延期。
5. 我正跟一位客戶談話，他說我們的服務是使用過最好的。
6. 某家店放了營業時間告示，上頭寫「早上九點開始營業」。
7. 商店早上九點開始營業。
8. 我去了那家店，但門是關的。
9. 供應商說東西會在三天內送達。
10. 以往我們的供應商會說三天內送達，但我總是看到貨車在一兩天內就到。

解答：

1. 是事實也是觀察，他／她說的是事實，路上車多是觀察，但對他或她來說，路上車多的情形對你來說可能還好。
2. 經驗，你人在那，但交通阻塞也不能算是事實，因為這是個相對詞，但從你的看法來說，路上交通壅塞。
3. 事實也是觀察，號誌寫的「前方交通壅塞」是事實，但這同時也是觀察，跟第一題一樣。
4. 觀察，「總是」出現了，你不知道這是否是真的。
5. 經驗和觀察，你剛經歷過這段對話，而客戶對你說的是觀察。
6. 事實和觀察，告示上寫的早上九點是事實，而你觀察到店家真的是早上九點營業。

7. 觀察，是誰說的？

8. 經驗，你在現場，而店家門真的是關的。

9. 觀察，你不知道。

10. 經驗，你當時在現場。這個案例正好說明你如何曲解事件，且為何不是事實的原因，「我總是看到……」這段說明或許是真，或許是你以為是真，但你可能丟掉（忘記）有一次貨車四天都還沒將貨送達。

Chapter 19 信念 Beliefs

信念——你的價值系統

二〇一二年下旬，一場在西班牙舉辦的國際長跑比賽中，肯亞籍選手阿貝爾·穆太（Abel Mutai）遙遙領先，跟在其後的是西班牙籍的艾文·費南德茲·安納亞（Ivan Fernandez Anaya），不知道為什麼，賽道上的標示讓穆太以為比賽的終點是在終點線往前十米處，因此他便開始放慢速度，當時觀賽群眾試圖想告知他搞錯了，但是穆太聽不懂西班牙文，而安納亞本來可以直接超越穆太奪得冠軍，但他卻跟在他後面，引導穆太跑到終點線上，讓穆太像是沒有失誤般地獲得勝利。

當別人問安納亞為何不直接超越穆太，他解釋說就算穆太沒有看錯終點線，他也絕對贏不了的。安納亞做出的結論即幫助他的對手，因為他深信要做正確的事，因此做出的結果。

我們都有自己的價值觀，有很多價值是共享的，但也有部分不與他人相同，並不是每個人都對「要做正確之事」有很強烈的信念，有些人抱持著人各為己的價值觀；有些人認為工作比個人生活來得重要，但其他人卻不這麼認為；有些人覺得拿公司的辦公用品回家使用是合理的，但其他人會覺得這就是偷竊，所以永遠不會這樣做；準時對某些人來說至關重要，但其他人或許覺得遲到一點無傷大雅，不論看法如何，這些都是信念的一種。

信念就是你的核心價值，它們並非「我認為我們應該要這樣做」或是「我認為這項計畫應該取消」之類的陳述，這些結論或任務並非信念。對某件事情使用信念並不會自動讓該事變成信念，信念並非情境式的概念，它們不會因情況不同而有所變化，信念是關乎你自己或價值觀的東西。

很多人會假定思辨是非感性且客觀的過程，雖然這樣的描述沒什麼錯，但這是不可能的，因為我們都是人，在任何事情上都會應用自身的價值觀，得到的結論通常會與價值觀相一致，你每天產生的無數種結論會受到價值觀的影響，也就是端看你認為是對或錯、是好或壞、或得當與否。

以下為幾個例子：

·你正走在人行道上，一旁草叢裡有個皮夾，你撿起了皮夾，裡面有約兩百美元，但沒有任何身分證件，你在思量要自己拿走，還是要把皮夾拿去給警察呢？你將會根據自己的價值觀作出決定。

·你在店裡購買了標價十九塊九九美元的商品，收銀台的人卻結成了九塊九九，你是否會提出指正呢？全憑你的價值觀。

・你正準備完成一個企劃案，但你發現某份一百多頁且即將要列印的報告裡有個錯字，雖然這不會影響什麼，說不定沒有人會發現，但你會將交件期延後修正這個錯字嗎？你的價值觀怎麼看？

・你準備要和家人在一間很棒的餐廳裡享用晚餐，而你十八個月大的孩子突然不開心並放聲大哭，你會留在位子上，試圖讓他不要哭嗎？還是你會離席，然後帶著孩子到餐廳外面？這也端看你的價值觀。

我們稱以上這些價值觀為信念，這會形成你與生俱來的優點和缺點，還有偏見；不論是工作或是在家，信念都是一樣的，你不論是和家人、朋友或陌生人一起時它們也不會改變，此外，你是成人時的信念，與小時候的你是一樣的。

你會將自己的信念用來過濾或是把關，然後做出與信念一致的結論。有些人認為平和相處較好，而其他人覺得衝突沒什麼關係，甚至還覺得衝突是必要的。在同樣條件之下，兩個人或許會採取不一樣的結論，一個可能會表達，而另一個選擇沈默，有人可能循規蹈矩，而其他人反而覺得規則就是用來打破的。

雖然你可能會不同意某些人的信念（價值觀），但你也不可能跟他／她說這是不對的；價值觀是個人的核心，所以就算你講了他／她也不會當做一回事，你可以抱持尊重的態度，不同意某人的信念，但僅此而已。想想宗教這個議題吧，你可能有自己的信仰，也可能沒有，但如果你有特定信仰，還告訴他人其信仰是錯誤的，他們會如何反應呢？更好的方法是了解他們的信仰，學習用不同的觀點看待。

先來看看信念從何而來吧，看看身邊的人的信念，再檢視這個問題：**你們因不同信念產生歧見時要如何處理？**

信念通常會在小時候就形塑出來，且會受到周遭環境的影響，假設你小時候和家人一起吃飯，父母經常會在飯桌上討論看到染不同顏色頭髮的人，他們認為這樣非但不正常，這些人通常都不務正業且貧窮，當你長大後就會對染奇怪顏色頭髮的人有偏見，就算你從未真正遇到這樣的人也是如此。如今你已長大成人，主管向你介紹新的同事，她有一頭螢光綠和藍色的頭髮，你嚇到後就對主管說「天哪！我們真的慘了，她一定是不負責任的人，說不定還會做得很糟。」

此時你的主管說：「為什麼要這樣說？她過去的工作經歷非常傑出。」

「但是她有綠色和藍色的頭髮，染這頭髮的人都是做事能力很差的人。」

「胡說八道。」主管這樣回答你，但你根本不信主管說的，因為這種偏見就是你的一部分，你滿不情願地得跟她一起工作，雖然她意外地表現不錯，可是你還是不相信她能做好。

接下來又有新人要來，這次是位留有一頭金黃色和紅色頭髮的男人。「噢！天哪！又來了！」你心裡想著，主管跟你說一切會沒事的，當你和這個人工作一陣子後，他也表現地不錯，做事非常有效率，就這樣過了好一陣子，真的「好一陣子」之後，你便對染奇怪顏色頭髮的人有較好的觀感。

你的信念之所以改變，是依憑這些與你價值觀不同的經驗，但這種改變著實得花上了一段時間；你的信念不會因為某人說「你瘋了」、「這是不對的」或「別相信那種觀念」就輕易更改。

世界上有七十億人，但這不代表有七十億種價值觀，你和朋友有相同的價值觀，或是與同事有共同的想法，這些都不是巧合，因為你不會跟價值觀不同的人做朋友，與公司文化有不同信念的員工，在該環境中通常也不會成功。

舉例來說，你在醫療照護的企業裡擔任家庭護理師，你的信念想當然應該是幫助他人，就像你的同事一樣，現在有位新來的同事說「生病的人應該要自助，而不是依賴其他健康的人。」你覺得這位新同事能在這裡工作多久？這位員工可能會被開除，或者他／她會辭職，因為這種態度在此工作對他來說太痛苦，大部分跟你一同工作的人會有同樣的觀念，因為如果不是如此，他們就無法融入這個環境，甚至會直接選擇離開。

當信念不相同時

雖然彼此有關係的人通常有相同的價值觀，但各自仍持有不同的觀點，而且不論你想說服他們有多不正確，這些觀點是很難更改的。當這些和你有不同信念的人對結論不滿意時又要如何處理呢？雖然這在商場上並非尋常之事，但它其實比你想得還要重要，我們雖與許多有同樣想法的人一起共事，但工作時自身持有的價值觀對比談及個人事件時沒那麼外顯；工作時信念對結論的影響力，不會比對個人事件時來得大。

人們經常會對不同事實、觀察和經驗的職場文化感到不滿意，儘管如此，仍舊會有歧見集中在某個信念上，導致結論無法產生的時候，舉例來說，你與某位認為一開始就做好事情的同事一起工作，目前正處理一個電腦軟體計畫，眼看就要完成時你們兩人開始熱烈地討論，你說「好，我們的方法可能無法持久，但我覺得我們應該可以交了。」

對方卻說「不行，我們還沒準備好，如果現在就結束，未來我們還是得重做一次，這一次我們就要做好。」

其實這個階段並沒有什麼做對還是做錯的區分，只是因為你們的價值觀不同而已，當計畫呈交到主管那，他會同意做到這樣就好，如果之後有東西需要重做，那就重做吧。如果主管會思辨，他會對這位同事說：「我知道你想在一開始就把事情做好做對，這當然有其優勢，但在目前這個特殊情況中最棒的結果就是儘快把這個交出去，我知道之後可能會要重做，如果我們延期交件或許可以避免，但我覺得現在的成果很好，這樣你可以接受嗎？」聽起來解釋了很多，但當你知道他人的信念是什麼，你會幫助他／她整理出另一種結論，當然如果你每天都得進行這類對話，這個員工可能某天就不幹了。

如果某人堅守己見、不肯退讓的時候要怎麼辦？商場上很少出現這種情形，但還是有可能發生，當這個人堅持某種信念，他／她會不管、忽略事實或觀察，甚至是個人經驗的存在，整件事就會一發不可收拾，因為在思辨和自發性思考之間有很大的差異。思辨中出現無法相容的差異，是因為這種差異立基於不同且不尋常的基本價值觀，但在自發性考中我們認為無法相容的差異，事實上仍可能相互理解包容的，因為這些差異是建立在於完全不同的事實、觀察和經驗，最可能得以解決的反而無法解決，而原本籃子裡裝的誤解和不好的決定，卻是結果。

單純因信念而造成的歧異，一般來說較容易出現在個人人際關係和地理政治學的世界觀裡，和抱持不同政治理念的人一同討論經濟、政府或外交政策其實是蠻有趣的體驗，個人的信念會馬上出現，你可能不同意對方的觀點，這樣就能了解要使這類歧義相容有多困難。然而仍有一個問題存在：因為改變不了、毫無動搖且無法妥協、不屈不撓的信念而產生的差異，你能否處理呢？這時候就會出現「非理性」的字眼，然後一樣仍舊沒有結果。

商業上老闆可以決定一切，如果有些人仍無法同意某項結果，那他們就不用工作了。而在地理政治學的世界中，人類發現能使本質不同的意識形態得以解決的唯一辦法，通常就是訴諸暴力或是戰爭，思辨大多可以避免這類的結果，因為思辨會以事實、觀察和經驗來找出表面上的差異，但這也並非每次奏效。

目前為止我們談了事實、觀察、經驗和信念，最後還有一個事關前提的組成元件需要討論，也就是「假設」；一旦說明完假設後，我們會將所有元件組合起來，你就會知道前提如何運作。

‧思考優化重點‧

我們都有被稱為信念的核心價值觀，這是組成前提的其中一項元件，我們會在每天思考的無數結論中運用我們自身的價值觀；了解信念不能改善情緒，但這能幫助我們知道信念如何影響結論，給我們機會更全面地思考這些結論。

Chapter 20
假設
Assumptions

假設是關鍵

一生中你可能不止一次被警告說不要妄作假設，這種勸告根本就不對，假設是一定要做的，因為你不可能不做任何假設就對一切有了結論。

假設是一種你以為是正確的想法，正因如此，你才有找到結論的可能。自發性思考和思辨最大的差異在於：

- **自發性思考中，你會覺得自己的假設理所當然地正確。**
- **在思辨的模式中，你會問「我怎麼知道這個假設好不好？」**

關於「假設」最重要的建議應是：「如果你不知道如何做出無法證實的假設，這時千萬別做任何假設。」

你是否曾因為天氣很糟，但必須在某時間內到達公司，因而比平常更早出發去上班？因為你假設在下雨、下雪或冰雹時，會花更多的時間才能到達公司，但是為什麼你會這樣想呢？因為你曾有過類似經驗，每當天氣不好，通勤時的交通會壅塞而緩慢，因此，你的假設可能得證。

或者，你正進行某個計畫，其中一位你從未見過的組員在審查會議上遲到了，一周後還有一次審查會議，你會假設這位成員再遲到嗎？因為對他／她你只有一次接觸，所以假設可能不會生效；但是如果五次審查會議中這個成員遲到了四次，那這種假設就可能成立。

「假設」是從事實、觀察和經驗組成的，你可以針對可能發生的事或當前的情境來作出假設，例如：

．現在是星期六早上八點，你的孩子預定在下午兩點參加一場足球比賽（觀察：雖然足球賽排定好是事實，但卻沒法保證一定會如期舉行），你聽到氣象預報說：降雨率百分之九十，將從早上十一點開始持續降雨一整天（觀察）；過去三年孩子的足球賽都曾因下雨而取消（經驗），因此以預定的足球比賽時間（觀察）、下雨預測（觀察），還有曾因下雨而取消球賽（經驗）來看，你假設今天下午的足球賽可能會取消。

．前十次你跟主管談話後會有更多的工作要做（經驗），你現在正好碰到需要跟主管談話的情況，你可能因而假設如果談了就有更多工作要做。

．一位特別的客戶打電話來下訂單（事實），前六次他下訂後都取消了（經驗），因此你問他是否確定要訂貨，而他非常肯定（觀察），於是你心想：「前四次他也是這樣說的，但他後來也都取消了」（經驗），因此你想應該別相信這一次他會真的下訂，因為他取消訂單的可能性很大（假設）。

每天你會做出無數種假設，大部分的假設你會覺得理所當然，我們開車去店裡買東西時會假設：

・輪胎不會消氣。
・油表顯示正確。
・道路沒有封閉。
・商店有營業。
・我們夠錢支付採買的東西。
・商店裡有我們需要的東西。

我們會做出超多個假設，它們都是以事實、觀察和經驗當作基礎。

再來一個較為複雜的例子：你參加審查會議，要決定整個團隊能否準時完成指定的計畫，大部分的目標和任務看來都完成了，但有幾個進度卻落後，負責指派任務的人說：「沒錯它是有點落後，但我想我們能夠完成。」兩天之後，原本的任務變成紅色警戒，因為進度更加落後，但他們仍舊確認沒有問題，你發現跟他們一起工作時，他們不但樂觀且工作非常努力，但他們經常會延期；因此根據這個經驗，你會假設這小組無法準時完成。

如果根據非事實的事、非情境敘述的觀察和偶然一次的經驗來做出假設，那最終的結果可能沒有多好。你在某間店看到標價非常低的商品，能否假設其他商品的價格也低呢？當然不會，因為這只是一個經驗，就僅是一個物品而已，但如果你發現這家店有三十種商品幾乎都比你往常去的那家還要便宜，你就會假設這家店比較便宜，至少當天是如此。

在自發性思考的模式下我們會有很多種假設，但在思辨模式中，我們不會把假設當成理所當然的思考，我們會問：有什麼事實、觀察和經驗能讓我們利用，進一步想出假設。此外，我們還會問：能否搜集更多的觀察來驗證這些假設？其他人是否有不同甚至相反的經驗呢？

人們因為有不同的觀察和經驗，因此會有不同的假設，如果你聽到氣象報告說可能會下雨（觀察），但友人聽到的氣象報告不同，那你會假設自己需要帶把傘，而友人則不會這樣做。

現在是時候把所有元件組合在一起了。事實、觀察、經驗、信念和假設會組成前提，在下一章我們將知道如何組裝這些元件，找出解決辦法（結論），以及每個人是如何做不同的組裝應用。

・思考優化重點・

我們每天都會做出無數種假設，這些假設都是建立在事實、觀察和經驗上，某些假設很難成真，這是因為它們建立在不確定的前提組成元件上，例如只有一次的觀察或是無法代表當前情境的某個經驗；思辨的模式下我們會問「為什麼要做這樣的假設？如何知道假設好不好？我要用什麼事實、觀察和經驗來形成假設？」

Chapter 21
結論：將全部組合起來
The Concusion

把全部組合起來

結論就是解決問題的辦法，回想一下前幾章我們討論的元件：事實、觀察、經驗、信念和假設，這些元件可以組成前提，將它們全都組裝起來，看看它們如何形成結論，我們會延伸討論為什麼有些結論比其他的還要可靠，以及如何使結論更加有力。最後我會解釋個人特質在我們找出的結論中，扮演了什麼樣的角色，以及其他人做出不同結論時該怎麼辦，還有我們該如何解決進而同意他人做法。

本章篇幅相較於其他章節較長，因為結論是很重要的東西，它是讓你得以解決問題的重點。雖然釐清是思辨的第一步驟，你也無法在不了解問題的情況下解決問題，但結論是你從問題前進到解決辦法的重要階段。

架設前提

我們將事實、觀察和經驗結合起來做出假設，下頁圖表21.1顯示這個過程中每個元件彼此間的關係。

在圖表21.1中，事實、觀察和經驗是假設立基的基礎，這也是為什麼在

圖表 21.1 結論過程

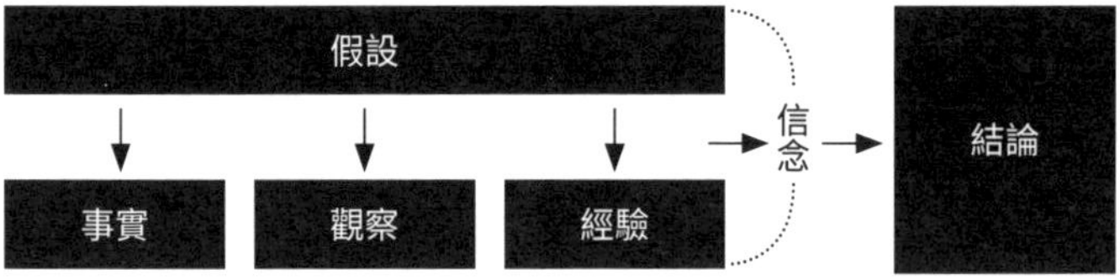

圖中這三個元件之所以放在假設底下的原因，因為它們支撐著假設，接著我們可將信念當作過濾器產生出結論，然後找出該怎麼做。以下是幾個說明這種過程的範例：

情境A：明天你有場重要的會議要開，天氣看起來不太好。

- 事實：下雨會減少車輪的摩擦力。
- 觀察：晚間六點的氣象報告說早上通勤的尖峰時段將下大雨。
- 經驗：早上通勤時下大雨交通非常壅塞，因此要花更久的時間才能到公司，你經歷過無數次這種狀況。
- 假設：明早很有可能得花更多時間才能到公司（基於前面提到的事實、觀察和經驗）。
- 信念：準時很重要，我若想早上八點準時參加會議，我一定得到。
- 結論：我會把鬧鐘調前三十分鐘，好讓我能準時開會。

情境B：客戶打電話來，並對不當的款項支付感到不滿。

- 事實：客戶打來告訴你他不滿，這位客戶已使用公司產品九年了，且他總是準時付款。
- 觀察：當你重新檢查開給他的帳單時，你發現上面有他未訂購的產品品項。
- 觀察：同事告訴你他們樂於幫助這位客戶，他總是訂購很多產品。
- 經驗：這個人九年來都是公司的客戶，他曾四次抱怨過他付了自己沒買的產品的錢，我們每次調查後都發現客戶說的無誤。
- 經驗：我們的帳單系統有時候會有這類問題。
- 信念：每個人都應該懂得認錯，而不是責怪他人。
- 假設：因為先前的經驗和我們帳單系統的情況，這位客戶可能說的是正確的。
- 結論：為失誤道歉並重新更改帳單。
- 結論：詢問會計部門為什麼會發生這個問題，以及我們該如何處理，並避免重蹈覆轍。

情境C：你打算招聘一位新員工，並在面試後選出了三位適合的人選，你必須做出決定要聘雇哪一位。

- 事實：每一位面試者都是在地居民，目前都仍在職中，且都有超過十年的工作經驗。

- 事實：第一位獲得面試團隊全體一致的讚揚，而第二和第三位則是在十位面試官當中，獲得了九位的稱讚。
- 事實：第二位和第三位都沒有獲得某位面試官的認同，其原因在於「純粹不是我喜歡的。」
- 事實：第一位和第三位均有提出，希望薪水比目前開得再多一點。
- 經驗：我們不常以面試者提出的薪資來訂定最終發放的薪水。
- 觀察：第一位在三次面試會談中遲到了兩次，理由都是交通問題。
- 觀察：第一位與第二位的履歷表都有亮眼的企劃表現，但均未列出他們實際上做了什麼。
- 觀察：三位面試者的推薦資料都查證無誤，尤其第三位的推薦資料很傑出。
- 經驗：面試者一般會提供寫有正向資料的推薦資料。
- 觀察：第一位與第二位在特定部門有很好的工作經驗，且他們均花不少時間在這個部門；第三位沒有太多在特定部門工作的經驗，但有許多在相關部門工作的經歷。
- 經驗：如果某人成功完成多項任務或責任，就代表他／她能適應且應用不同專業的技能。
- 觀察：第二位和第三位均有在考慮其他公司的招聘。
- 信念：人在任何地方都有發揮技能的空間。

- 信念：在重要的會議上遲到就是欠缺良好規劃。
- 假設：公司正面臨改革，我們正需要可隨時變通且能同時處理多項任務的人加入。
- 假設：第三位較有不同的發揮空間，且是成功的應試者，她的豐富經驗顯示出她在不同狀況下成功完成任務。
- 結論：聘用第三位。

情境C中，負責招聘的主管將重點偏向觀察，而第三位應試者擁有不同工作類型的工作經驗，且成功完成自己的責任，這位主管指出她有很多與他人相處的正向經驗，還能同時處理不同的工作任務。

前提愈有力，結論就愈可靠——而你就會更有自信

前提愈有力，就會對結論更有信心，相對地，如果你的前提根本站不住腳，你對結論的自信就不夠。一致的事實、觀察和經驗可以形塑強力的前提元件，這類前提更包含你能夠驗證的假設；反之，脆弱的前提會有無法驗證的假設，因為它們並非立基在事實、觀察和經驗上。

以下是幾個強力的前提和脆弱前提的範例：

前文的「情境A」中，如果電視氣象報告說的是下大雨，但氣象頻道預測卻是溫暖的晴天，而網路上的氣象預報說約有百分之三十下陣雨的機率，那你的前提就會有相互矛盾的觀察，這樣會產生脆弱的前提，而你原本要提早起床的結論就可能有疑慮，如果上述三種資料來源都說會下大雨，則你若想準時到會議現場就能肯定地決定提早起床。

前文的「情境B」中，在檢查該客戶之前的購買紀錄時，如果你發現他某次說沒買，但其實買了（矛盾的觀察），就不會這麼快地假想他這次是對的，你的結論或許就是仔細檢查送貨紀錄（驗證你的假設是否正確）。

前文的「情境C」中，如果第三位應試者的推薦資料中，有一份提到她曾經沒能成功完成任務和責任，原先她是成功者的假設就不是完全正確，進而弱化前提，而聘雇第三位應試者的結論就容易產生疑竇；如果在僱用他前發現這個假設無效，人事主管就會改變心意或至少再調查一下，好真正推翻（或維持）這個假設。

又比如製藥產業裡出現新藥，就會有大規模的研究作業，和許多實驗來建立數據（事實、觀察和經驗），藥效方面可根據這些數據提出假設，以及可能副作用，然後在美國食品藥物管理局（FDA）認可之前，藥廠必須不斷驗證這些假設，其中一個辨識大量醫藥試驗的方法即是控管嚴格的人體試驗，如果試驗證實該藥物的假設無誤，則該藥物可以使用的論述（結論）就有很高的可信度；但是如果試驗結果與假設相抵觸，則結論就比較脆弱，FDA就不會認同該藥物。

你剛邀請客人到新家，並打算帶他參觀家裡。對你來說，家裡保持乾淨整潔是很重要的（信念），所以在客人抵達之前，你要求孩子們把房間地上的衣物丟到洗衣籃裡，並整理一下自己的床，孩子們也很愛乾淨，所以你假設他們會照你說的去做。客人來了，沒多久就準備參觀家裡，當你帶他來到其中一位孩子的房間時，裡面卻是一團亂，因此讓你覺得很尷尬。這個例子中，你假設孩子會照你說的去做就是個不好的假設，不好的假設會引導出不好的結論（你想帶客人參觀家裡），如果你在帶客人參觀前抽空看下孩子的房間，驗證一下假設，你會發現假設失效，就可將參觀的時間延後（改變結論），以避免尷尬的情形發生。

要找出結論之前，不論前提是否有力都一定要再檢查一次，確保你的事實是確定的事實！多觀察幾次，並確保經驗和觀察一致，因此要記住，可以提出假設，但一定要加以驗證。

「妄下定論」？

每個人在一天內都會經歷無數次從前提到結論的過程，不論是穿什麼、吃什麼、說什麼、什麼時候說等有結論，你也會對某個計畫、優先事項、是否完成、需要什麼才能完成以及還需要做什麼，分別找出結論；總的來說，要先找前提元件，才會出現結論。

在我們的思辨訓練裡，有人通常問「讓你從前提移到結論的機制究竟是什麼？」你可能曾聽過「別妄下定論」，這是一種毫無益處的說法，沒有人知道你是如何從前提找出最後的結論，因為你是以自己的前提提出假設，應用的是你自身的信念，然後在某個時間點上有了想法，這可能是個跳躍、突發、甚至是恍然大悟的時刻；換句話說，你一直都是「跳到結論」的。自發性思考和思辨模式之間最大的差異就是，當我們在自發性思考時下定論，我們覺得這樣就完成了；但在思辨模式中，我們會問如何才能找出結論：具體來說，我們做了什麼假設？為什麼我們會做出這樣的假設呢？

思辨期間我們會質疑結論背後的理由，這就會引導有關前提元件的延伸討論，經過一番討論就會出現有自信的結論，或是能找出脆弱的前提；好的結論便是從考察、經過反覆檢驗和討論的強力前提出現的。

這引導出一個重點：事實、觀察、經驗、信念和假設組成前提並產生結論的方程式有雙向性，意即你能以兩種方式運用這過程。

先是一個清楚的問題開始，你會說「我不知道我在這裡該做什麼，所以我要來尋找事實、觀察、經驗、信念和假設來幫助我。」第二個方法是想「我知道能做什麼，所以我要來問自己：『我做了什麼假設，我要用什麼事實、觀察和經驗來提出假設？要用什麼樣的信念？』利用這些問題，來看看我的假設是否夠堅定，能否支撐這些結論。」

換句話說，對你已想過解決辦法的問題，請直接動手並找出結論，但是請記得回頭看看過程，問問自己：「我做了什麼假設？為什麼要做？」

個人特質要擺在哪？

在結論中「個人特質」扮演了很重要的角色，每個人都會用相同的思考過程：用歸納法找出結論；但對於每個前提元件，我們看重的程度不會是相同的，有些人會注重事實，其他人則是專注在經驗或信念上。個人的特殊偏好表示人可以利用同樣資訊做出不同的結論。

簡單的例子是你和太太、孩子某天到一家車行，你們都看上同一部車，也都讀過關於引擎、馬力或自排等該部車的配備資料，甚至都拿到了一份消費者評論報告的複本（觀察），一起試乘了這部車（經驗）。當然對你們全家人來說，安全是最重要的（信念），但是接下來呢？

你在報告上看到維護費用所費不貲，所以你假設保養費會很貴。雖然對你來說安全很重要，但這點對太太來說才是最重要的部分，報告上的安全評比讓她假設這輛車非常安全，而孩子真的很喜歡後座內建的 USB 車充（觀察），並假設開這輛車非常酷；你總結後認為這部車不適合你，因為保養費用真的太貴了，而妻子因為該車品牌的安全紀錄所以覺得這輛車很棒，另一方面，孩子堅持選擇這輛車因為她可以在車內充電。

在你們每個人有個別重視的前提元件後，你產生了三種結論，但最後你解決這種分歧不是靠爭論誰對誰錯，而是討論這些前提元件，解釋為何你會重視這個而不是其他的，比如你向孩子解釋，其他四輛後座均配有內建USB車充的車也可以考慮，所以你對這個部分沒那麼看重。

重視分析的人會著力在事實上，有些人雖然只有過一次經驗，卻會相當看重它（是否有過食物中毒的經驗？你還有再去那家餐廳嗎？）

個人特質會影響我們的歸納過程和前提，儘管我們思考的都是同一種過程，但我們會個別著重於不同的前提元件上，導致不同的結論產生。

哪一種結論才是對的？

為什麼有同樣事實的兩人最後會有不同的結論？一個原因可能是因為他們觀察或經歷的事物不同，就像某個人聽到氣象報告，而另一個人沒聽到，因此前者會決定帶上一把傘，而後者則不會帶傘。我們都有不同的價值觀，而這些信念也會改變我們的前提；我們擁有不同的經驗，這也會產生不同的前提，就算我們有相同的事實、觀察和經驗，甚至有同樣的信念，我們重視的部分仍然不一樣，混雜的假設就會產生多種結論，我們要如何使不同結論互相妥協相合？哪一個才是正確的？

首先，我們需要接受一件事：沒有所謂對與錯，若雙方只是想找出好的解決辦法，就不免會有不同的自信和可行性。問題不在於誰的結論才是對的，而是什麼樣的結論對特定問題才是最有利的，試想一下這個狀況：你和同事一同處理某個問題，然後你說：「我們應該這麼做」但他講「我們應該那樣做」，這時就是進入思辨模式的最佳時機。

不要爭論誰對誰錯，直接開始對話討論，「現在我們有兩種結論，其中一個比另一個更適合，或是這兩個都不好但有其他選項。我們要決定出這個情況下最好的解決辦法，因此我們要做哪種假設？原因又是什麼？」

另一個特殊的例子如下：喬和麗莎在改善製程小組中各自是組長，這一組正要完成一個須做循環測試的計畫，麗莎說，「我們已經測試地差不多了，就這樣吧。」

喬說：「還不夠吧，這個計畫還沒完。」

麗莎回：「我們已經用和前次計畫相同的數量測過了，所以我認為完成了。」

喬堅持自已的立場，說：「我知道我們測試了一樣的數量，但我們真的需要多試幾次。」

另一個計畫負責人布魯斯此時加入討論，說：「嗯……那現在我們有兩種看法（結論），其中一個可能比另一個更有建設性，所以喬我想問你，為什麼覺得我們需要繼續測試，你的假設是什麼？」

喬回應說：「因為我們在上週才又重新使用這個重要配件，所以我想我們得針對該配件再重新測試幾次。」

麗莎提出疑問：「喬，為什麼你認為我們是重新使用了配件？」

「我看到電子郵件上寫了發生什麼事。」

「噢！那時沒有真的這樣做，我們發現其他地方有小問題然後就修好了，再測試幾次吧然後我們就結束這個。」

喬點頭並說：「喔！那既然這樣，我想我們真的測試夠多了，結束它吧！」

上述的例子中，因為喬觀察到的事情其實不夠準確，所以他的假設也就無效，使他想到不適當的結論；只要針對前提元件延伸討論，就能輕鬆快速地整理。

試著針對假設進行討論吧，找出為什麼你們會做出不同的假設。先做這個步驟，因為這會引導出關於事實、觀察和經驗的討論；當你聽到有人開心地說「因為這是對的事」、「因為我們在這是主導者」或者「因為我們說過要這樣做」，這些信念就會呼之欲出，當你了解前提後，就知道要討論什麼了。

例如你說，「我覺得我們應該要做一千個。」

有人說，「不，不，做五百個就好。」

你問他，「為什麼只做五百個？這數字背後的假設是什麼？」

他說因為我們不需要這麼多，你進一步問原因。

「因為上週我們只賣出七百五十個（經驗），剩下了兩百五十個（事實），這周我們可能也只能賣出七百五十個（假設），所以我想這樣就夠了。」

你說：「你知道行銷部門正在進行促銷嗎？（觀察）我覺得這項產品的需求量會更高，因此我們會需要更多。」

他回：「噢！我不知道這件事（觀察失誤），既然有這項新資訊（更改了前提），那我們可能賣得更多（新的假設），那我同意我們應該要做一千個（同意後結論）。」

你一定要有前提的延伸討論，才能使不同的結論相互融合，要這麼做就從找出每個人的假設和其背後的成因開始。這些討論的對話非常有效，因為不需要花上很多時間，就能找出所有矛盾結論之間每人前提元件的差別。

一旦找出這些東西，你就能開始討論，並很快地找出大家都同意的結論。

從結論開始做起

每天你會做出無數種結論，許多結論只需要一兩秒就能產生，而在自發性思考中作出結論卻非常容易；但是什麼時候才是用思辨找出結論的最佳時機呢？

有兩個特殊情況：

· 你不知道該怎麼做，但你必須找出辦法。

· 你已經針對最困擾的問題找出辦法，但因為這辦法勢必會產生不同影響，所以你想對結論更有自信。

如果你正要搭上一班公車，並決定坐在右邊而不是左邊的位子，結果可能不會怎麼樣，這時你留在自發性思考就可以了；但是如果你選擇要進行一場降價促銷活動、發佈一項新產品、建構新的政策或是招聘新員工，這些結論都是會大大影響你的工作，此時最好就要進入思辨的思考模式。

以下是幾個你會想使用思辨來找出結論的時機場合：

- 有人說「我們該怎麼辦？」或你說「我該怎麼辦？」：從聽取事實、觀察和經驗開始，然後問「從這些資料來看我們能提出什麼假設？」
- 你收到指派任務的需求：當然你需要先了解需求是什麼，但你也要問這些需求背後的假設是什麼。舉例來說，主管是否假定客戶需要特殊服務，因為他／她曾多次提到，或說他／她從某位客戶寄來的電子郵件，決定要求這項服務？
- 你聽到某人說：「我以為」：千萬別說「不要亂假設」，用支持的態度問他「我能問問這個假設的問題嗎？為何你會有這樣的假設呢？」你要做的是關於事實、觀察和經驗的延伸討論，這個假設有多堅定？這個人是否能驗證它呢？
- 你聽到「我不認為這是好辦法」或是「那這樣子做如何？」：從「我們現在有兩個結論，目前這情況中這個可能會比另一個好，那我們來看看有什麼假設，還有為什麼提出這些假設的原因。」開始討論。
- 你發現自己不同意某人的想法：你可以直接開始進行上述範例的討論，或者在談話前問問自己「他有什麼樣的假設，讓他／她想出這種結論？」當然你也需要檢視自己的假設強度以及可信度。
- 進行溝通時：在溝通之前先了解自己的假設，任何你要溝通的人也是跟你一樣使用相同的思考過程，所以要問問自己「對方的假設是什麼？為什麼？」

- 你想更正某人的想法時：試著從對方的立場去思考，他／她是用事實、觀察和經驗來找出結論，也是以這些資料做出假設，並應用自己的信念找出結論。如果對方的想法是錯的，很有可能是因為有錯誤的假設，或許他／她是依恃沒有代表意義的經驗、看錯了留言（觀察）或是認為某件事是對的但其實不然。在你了解對方的前提後，你就能專注在如何調整前提上，之後對方不只能知道錯誤在哪，也會從錯誤中學習。
- 擔任思考教練時：在你幫助他人找出該怎麼做時，就利用這個技巧。切記千萬不要跟他說你的結論，只要跟隨他的前提，問他「關於這個議題，你有過什麼樣的經驗？」或是「你是從哪看到、聽到或獲知這件事的？」，或者還可以問「從你剛告訴我的經驗、觀察和事實來看，你要做出什麼假設？有辦法驗證嗎？」
- 參與計畫後的分析、討論學到的教訓或驗屍：在完成計畫後、複檢順利或不順利的部分，以及學到的教訓上，利用思辨提問，像是「這件事我們是怎麼想的？我們提出了什麼假設，原因是什麼？我們是否驗證過？有的話如何驗證的？沒有驗證的原因又是什麼？從這假設我們學到了什麼教訓？」

現在我們開始知道其他人如何下結論，以及前提在過程中的重要性，現在我們可以來看看，前提到結論的這段過程如何影響「可靠性」、「改變」和「影響、說服他人」，之後我們會探討充滿創新、新鮮事物的世界，也就是在每日思考之外如何找出結論。

・思考優化重點・

所有的一切都與前提和其組成元件相關，這些組合起來將產生結論。前提強度愈高，結論的可行性就更高，你對結論的自信也會更強；反之若前提很弱，可行性就低，你也會沒有自信。結論的工具有雙向性，如果你不知道該怎麼做，就從前提的組成元件開始提出假設，之後就會出現結論。如果你已經有了結論，問問自己怎麼想到結論的，可以從「我做了什麼假設？」以及「為什麼我會做出這些假設？」的問題開始。

「結論」的小練習

雖然一般來說，你不會在簡單的自發性結論中使用結論工具，我想我還是在此提出幾個例子，幫助你練習：

1. 聽聽兩人發表自己意見的對話，要記住他們的意見就是結論。仔細聽聽他們說了什麼，你會聽到他們陳述自己的發現，並把它當作事實，然後敘述自身的經驗，雖然他們可能不會直接了當地說「這就是我的假設」，但你也會聽到這一個部分。

2. 當你在想下次午餐要吃什麼時，思考一下，在你決定要吃什麼，還有去哪裡吃，或是你是否在家吃午餐還是帶去公司、到員工餐廳或是出去外面吃等想法，你是如何產生這些結論的。比如說，今天是星期五，你想要吃漢堡，然後你在員工餐廳看到有美味的漢堡特餐，你說「那看起來很棒（觀察），但我已經有好幾個禮拜沒吃烤肉了（經驗），不過這週末我們可能會烤肉（假設），所以我應該吃沙拉就好。」你也考慮到曾看過太多膽固醇不好的資料（觀察），而且你覺得吃太多漢堡會不舒服（經驗），因此你總結出沙拉是最健康的。此時你會發現在自發性思考模式裡，你做了多少思考，而且是超快速地完成思考動作。

3. 試著針對你已完成的事情的假設進行討論，你如何完成的？先問自己在一開始做了什麼假設。

Chapter 22 可靠性 Credibility

前提有多可靠？

你收到一封來自山謬．瓊斯三世先生的電子郵件，他宣稱自己是某個你從未聽過的國家的知名律師，郵件上說：「東部區域的國王逝世，根據其遺囑指示，由我負責將價值五千萬美金的遺產贈與您，請告知您的社會安全號碼，以及兩張信用卡卡號（卡片背後的三位 CCV 號碼請一併告知），期待您的回覆。」

大部分的人都知道這是騙人的信，然後就直接刪除，他們之所以會這樣做的原因在於，**前提的觀察**幾乎毫無可信度，他們的大腦說「這觀察裡有任何一個可能為真嗎？」再加上有很多這類詐騙手法和信用卡詐欺的相關資料，所以他們假設這就是其中一種騙人手法，遂刪除該封郵件。

另一方面，比如你正聽著廣播，然後警鈴系統突然鈴聲大作，告知目前有龍捲風出現，你看著窗外，天空隱約有恐怖的雲團，所以你總結自己應該立刻到地下室去。為什麼呢？警鈴系統通常不會胡亂作響，而且它提到有龍捲風（觀察），你也看到天空有可怕的雲團，這經驗讓你的警惕有了可靠性，你也曾看過許多與龍捲風相關的故事，這些元件引導你做出可能真有龍捲風的假設，所以你急忙跑到地下室去。

所以，你現在就知道前提的可靠性有多重要了吧。

事實和觀察的可靠性

可靠性與事實和觀察息息相關，你通常會假想自身的經驗是可靠的，因為你經歷過，在決定事實和觀察是否可靠時，我們都會問它們是否：

- 可行且實際：你讀的東西，或是別人跟你說的事情是否可行？是否實際？沒錯，這些都是自我評斷，但答案可以加強你想的前提，就像有些人跟你說公司剛剛打破銷售紀錄（可行），或是你剛收到電子郵件說你贏得五千萬美金（不實際）。
- 與你了解的部分相符：你現在看到的是否與先前的經驗或觀察一致？你偶然得知某個計畫進度太慢，但有人卻說一切都跟計畫一樣。
- 來自可靠的消息來源：來自可靠來源的資訊很有可能為真，當然即便是可靠的消息也有失誤的可能，那哪一個消息來源你會更相信呢？Gossip.com（八卦網）還是 CNN.com？
- 能夠驗證：這是最重要卻也是最難達成的部分——驗證資訊。你是否能做實驗、找到其他資源或是用某種辦法驗證觀察或事實？有人說如果你這樣改客戶會不開心，如果要驗證這件事，你就得組成一個焦點團體或做一份客戶問卷調查。

為什麼人會失去誠信？

你可能曾被不止一次提醒某個人或機構不太可靠，這代表這個人或團體的事實和觀察是不值得信任，或與我們所知的相矛盾，同時也無法驗證，因此我們不能相信這個假設，或是任何有關這個人或團體的後續結論。一旦失去了可信度，就很難再找回來了，因為籃子裡就會裝有資訊謬誤的記憶，所以要確定你的事實是真實的事實，且觀察可靠，便可以避免失去可信度的事發生。

從可靠性開始

以下是幾個最好看一下是否可靠的描述或情況：

- **針對眼前的事實或觀察，問問自己這些資訊有多可靠，而且為什麼會這樣想。另外，是否有提升可信度的方法，例如從其他資源、自行搜查或親身體驗的事物？**
- **有人說「這就是事實」時，問他「你怎麼知道這是真的？」**
- **有人說「資料在這」時，問他「怎麼驗證這資料是否正確？」**

- 有人說「這是我的假設」，問他「你怎麼做出這種假設？」
- 你正閱讀某個事物，問問自己「這可靠嗎？真的會發生嗎？有沒有其他資訊？這個消息值得信嗎？合不合理？」

・思考優化重點・

眼前的事實和觀察是否可靠？如果有任何疑問，檢測觀察並驗證事實能提升其可信度，同時還可加強前提，提升對結論的自信。

「可靠性」的小練習

1. 以下陳述是否可靠：大頭針裡的原子比全世界沙灘的沙子還多。
2. 接獲下面兩種指示後，哪個情況會讓你比較有自信？
打電話給供應商，他們說已經配貨了。

打電話給供應商，他們說已經配貨，同時給了我貨單追蹤號碼。

3. 垃圾信件匣通常會針對寄來的郵件內容，以設定好的規則過濾信件的可信度。請像電子郵件裡的垃圾信件匣一樣，練習「若是好到無法相信，那可能真的信不了」的原則，當然不要預設這個事物絕對很糟，但務必三思而後行。

4. 看看預報、計畫、製程進度表或是某些得在特定時間內完成的計畫，這些事的日程規劃夠實際嗎？怎樣的觀察讓你對時間表很有信心？你能提升自信嗎？你對時間表做了什麼樣的假設？為什麼？

Chapter 23

一致性

Consistency

「前提組成元件」的一致性

另一個可以確保前提強度的工具是一致性，也就是前提要件之間互相支持的方法。

比如說，你在幾個評論網站上看了某家餐廳的評論，很多人給了不錯的評比，你的幾位友人也去吃過，他們也都很喜歡，「美國汽車協會」（American Automobile Association，簡稱 AAA）對它的評分分數也很高，而某家報社刊載的相關文章更是評比這家餐廳為頂尖一流餐廳。這間餐廳已有二十三年的歷史，這些觀察相當一致，因此你也相當自信認為這間餐廳很不錯，不過你突然看到某個人寫的評論，他不僅討厭這家餐廳，還說服務的速度很慢、食物都涼了，而且服務生看起來很髒。這則評論雖然與其他人的不同，但因為正面的評論很多，而負面的評論只有一個，所以你可能也不會當作一回事。

如果前提的組成元件一致，則強度就會更大，但這並不表示不一致就是不好，不一致可以讓你知道資訊矛盾，所以產生有疑慮且不夠好的前提；但當你了解為什麼會有矛盾的資訊，或是如果你處理好不一致的部分，前提就能增強力度。假設你正在亞馬遜網站上購物，你買的東西通常花二十美元就可買到，但你看到標價十四美元的同種產品，因為這價格與你的經驗和其他觀察不一致，所以很快就吸引了你的注意力，這時你腦子裡出現兩種結果：這個便宜值得買，或是這太便宜了可能有詐；這時你需要解決前提裡不一致的部分，在這個例子中就是指多觀察。你會看到許多別人對賣家的評價，對方曾以這個價錢買過他家的商品，或是要從附註條文上找出更多細節，最終你可能找到足以支撐「值得買」的證據（觀察），所以你便下單購買。

能與自身經驗保持一致，這是最重要的部分，如果你發現觀察與自己的經驗不一致，你便不會算入這個觀察。舉例來說，你購買某樣商品後曾與該產品公司的客服中心聯繫，過程也蠻愉快，這時如果有人說那家公司的客服很糟，你會聽不進去。

此時你一定要注意：我們都會丟棄事物，但即使我們曾有過經驗，並不代表事情經過真如我們記憶中的一樣，例如某次樂團表演，負責豎笛的你獨奏了一小段，你認為自己表現很糟，但是其他人都跟說你很棒，但你還是不管其他人的觀察，因為你對自己的演奏已經有不好的觀感；我們或許會因為經驗不足，而執著在毫無根據的某些事情上，但外界來的警示即提醒我們有不一致的部分，所以下一步應該要做的，便是另外的詢問和檢查。

前提裡出現不一致時就是告訴你「還沒完成」的信號，如果你無法解釋為何會有相互矛盾的

事實、觀察和經驗存在，則你的前提就不夠堅定，後續出現的假設也會令人起疑，最終的結果亦然；當不一致出現時，切記一定要解決它。

比如說你正看著計畫的進度表，而每個事項都處在綠燈（也就是安全的狀態），一切都正按照進度走，你問組員時他們說「我們一如既往都有自己的困難之處，但目前看來一切都還好。」你留意到有一部分的組員每晚都工作到非常晚，整個部門的壓力似乎不小，所有人都將自己的休假延後；這裡就出現了與「一切都還好」不一致的情形，每個人都非常努力地工作，雖然可能是為了確保計畫準時完成，所以整個團隊無一不是埋頭苦幹，但這也可能表示你們正面臨到某種問題，此時你會帶著這項資訊跟你的上級說「一切正按照進度走，情況都還不錯」，還是說你會先找出「一切還好」跟「目前還不錯」兩者間到底有多大差異性？可是我們現在根本還沒有完成每項指派的任務，如果還有預料之外的事情發生，麻煩就大了。

從一致性開始做起

以下是你需要再多看看一致性的例子：

- **眼前出現事實和觀察時，將之與其他事實和觀察，和你自己的經驗做比較，有一致嗎？他們是否合理？**

- 複查資料時：眼前的這份資料是否一致？如果你是在季節性的企業裡工作，像是販賣園藝工具，往年春天需求量都會大增，但今年你發現有少一些，這情況下你就需要調查這種不一致狀況的原因。
- 說到做到：是不是有人說一套做一套？你可能聽過「知行如一」，如果你說「顧客至上」，但做的行為卻未以顧客最大興趣為導向，前面支持結論「以顧客為中心導向」的前提就會被質疑。假設某位顧客在下午四點五十分打電話來問問題，你們的服務時間在下午五點結束，然後在幫這位客戶處理他的問題十分鐘後，負責的客服人員對他說「不好意思，我們今天的服務到此截止，請於明日再聯繫我們。」這種情況，你要客戶如何相信你們真如宣傳手冊上寫的「為顧客服務是我們的首要任務，我們會竭力使您滿意」？
- 觀察到某種趨勢：看一下與趨勢相關卻不一致的事件，例如有位平日準時的員工，但最近他／她經常遲到，這就是一個值得起疑進行調查的理由，是不是有什麼個人問題？還是他／她正在找其他工作？
- 評估假設時：事實、觀察和經驗，應該要在你問自己或他人「你如何提出這個假設？」時，與假設相符合。

．思考優化重點．

查看假設裡是否有一致性，所有的觀察是否彼此一致？觀察和事實是否與你的經驗相符？你所提出的假設，是否與這些前提組成元件相一致？

「一致性」的小練習

1. 你印象中有哪間很棒的餐廳？在 TripAdvisor 網站上看看有關這間餐廳的評論，這些人留下的評論是否跟你的經驗一致？

2. 連鎖超市沃爾瑪的標語是「永遠物美價廉」（觀察），到離你家最近的沃爾瑪，你看到的價格（現在就是種經驗）是否跟文宣相符？查查看其他類似公司的標語，像是三明治商店 Subway（「吃得新鮮」），你在這家店的經歷是否跟它一致？現在再回頭看看你工作的公司，對照公司的標語或廣告，所有的產品、服務、客服和價格是否有與之相符？

3. 檢查一些反應未來趨勢的工作相關資料，如果你是在銷售或行銷部門工作，看看預測或配額的部分；如果是發展部門或正在進行某項計畫，看看計畫進度表；如果是製造部門，使用產品預測；

人資部門請看人力耗損的預測；財務部就看財務預測。這些預測（觀察）是否與當前趨勢、銷量、營收、計畫或耗損率相符？如果是，你就能對預測有自信，但如果答案是否，或許就先別管這本書，好好找出原因吧！

Chapter 24
三角思考術
Triangular Thinking

預測未知

三角測量是土地測量或建築測量師用來測量的一種技術，專門測量難以直接碰觸到的物體的距離，希臘哲學家台利斯（Thales）就曾用三角測量來計算金字塔的高度，先是找出某個物體與目標物的兩個角度，然後計算在測量角度時，兩個端點之間的距離，接著就可以利用三角學決定金字塔與該物體之間的距離。

我們的生活也常碰到難以直接解決問題的辦法，有時候你會被要求提供一個無法直接測量或取得的答案，例如這個東西要多久，可是因為這問題是關於未來的事，你或許可以估計，但你無法給出一個確定的答案。

另一個例子就是病症的診斷，比如雷氏症候群（Reye's syndrome）、妥瑞氏症（Tourette syndroms，簡稱 TS）還有大腸急躁症（irritable bowel syndrome，簡稱 IBS），這些病症都有「症」字，這個詞是用來描述沒有明確成因，即只有病狀的疾病，因為多半沒有直接檢測的方法來確定病患是否有這些病，所以很難直接加以診斷。

這類情況下要決定一個「發生什麼事」，或是「要如何做」還得很有

圖表 24.1 利用多種觀點預測進度表

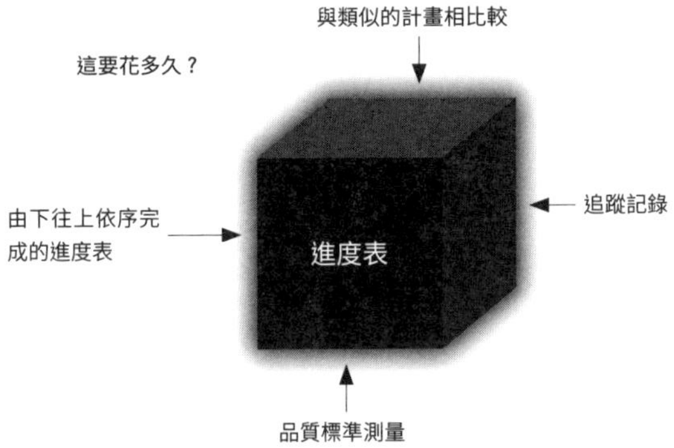

自信的結論，辦法就是利用「三角思考術」，你需要從多種角度來看或評估問題，如此一來便有一組答案能用來找出相同或差異的部分。如果所有觀點都會產生一樣（或類似）的答案，那就是可靠的解答（結論），反之如果有些觀點產生的答案一樣，但其他觀點不同，就表示你對整個情況還未清楚了解；換句話說，三角思考術旨在尋找相同的問題點，只是利用不同的角度而已。

圖表24.1由「完成這項特定計畫要花多久時間」的問題，來呈現三角思考術的過程。因為進度表是對未來的預測，所以你無法百分之百預測準確，但你仍想對預測結果有信心，所以你以不同的觀點來看進度表，每個觀點都列在方塊各面。第一個可以先看「由下往上依序完成的進度表」，這個方法會告訴你，「這步驟會花一小時、另一個會花兩小時、第三部分要花四小時」等以此類推，一旦你將這些時間加總，答案就會出現；另一種觀點是整個團隊在工時一事上的

追蹤記錄，如果紀錄顯示與初步預測相符，那就是另一種評估的重點了；你還可將此計畫與其他規模類似或複雜程度相當的計畫相比，而第四種觀點就是追蹤品管測量，例如測試時出現的瑕疵，這也可以當作對完工時間的預測工具。

每個方法都會出現一個估計值，如果所有估計都有同樣的結果，那你可以對這答案很有信心，另一方面，如果三角思考術產生不同的結果，那就代表有東西沒搞清楚，導致你無法自信地預測。如果由下往上的觀點最終預測了約四個月的時間，但有許多類似計畫都花上了八個月，那你就需要再觀察。

你也可以運用三角思考術來建立銷售預報，預測公司未來能賣什麼商品。其中一個觀點是考慮消費者的觀點，也就是他們期待什麼和計畫什麼；另一個觀點可能是追蹤紀錄，檢查前八季的預報，看看這幾季的百分比是否確實達標；最後你可能會結合季節性或新產品發布的部分，找出第三種觀點。整體來說，這些觀點都引導出一個你有信心的數字，但是如果這些觀點有不同結果，那就需要再仔細看看，問問「為什麼？」、「這些客戶是否太樂觀或是太悲觀？」「難道這一季跟前幾季相比有差異性？」

看完這個預測範例，你會發現三角思考術有兩種好處：對以往不能確定的結果有信心，或對因資料不一致而需複查的部分有所警惕。

有個三角思考術的案例最令我難忘，就是我女兒在思考要申請哪所大學時的那一次。當時我拿出一本筆記本，畫了一個方塊（就像圖24.1的那一個）然後說「答案就在這個黑色方塊裡，你看不到裡面，除非你申請、確認許可、入學上課，否則你不知道自己是否做出正確的選擇。」當時我女兒說，「爸爸你根本沒有幫上忙！」

在沒提到這是三角思考術，或是告訴她我認為應該要申請哪所大學的情況下，我繼續向她解釋說，其中一個可以看進方塊的方法是學術的角度，這個大學是否有符合她興趣的課程？另一個方法是通勤時間，要花多久的時間往返學校或家裡？（當然這個方法的前提是她會經常回家！）課外活動則是另一個可以思考的觀點，這所大學是否有游泳社或樂儀隊？還有一個就是考慮像是父母、老師或學校校友等他人的意見？

另一個方法是可以親自去看看學校的環境；我把這些觀點用放射性的箭頭畫成一個圖，全都指向方塊，她也的確聽進去了，至少我想她是聽了。我說如果所有箭頭都指向同一個或同一組答案，這就是她想要的答案了。要用什麼觀點或是那一個比較重要全靠她自己決定，她將這個圖表釘在自己的佈告牌上，直到現在都還在。

你可以利用三角思考術來總結或取得某個有信心的結果，我喜歡這個方法的原因在於它能夠警示事情出錯的能力。當你從不同觀點看某個情況且結果相互衝突時，就會出現一個問題——為什麼？是否誤解了哪裏？如果由下往上的進度時程估計與同類計畫時程相差甚遠，你就必須問：這個計畫真的如此不同嗎？我們是否在意什麼其他的部分？如果這計畫需要的時間較短是否代表我們太過樂觀？或是要更久的時間就是太悲觀了？當三角思考術出現不同的答案，你就需要多番調查了解情況。

從三角思考術開始做起

以下是你應該嘗試使用三角思考術的場合，問問自己，這些不同觀點是否有出現相同的答案？如果沒有的話又是為什麼？

- **你被要求提出進度表或預測：利用圖24.1的例子，思考由下往上的進度表、追蹤記錄還有類似的計畫，這些觀點預測結果是否一致？不一致的原因又是什麼？**
- **你想找出根本原因：將目標三角化，這些觀察產生的原因為何？所有觀察中又有何相同之處？**
- **根據當前趨勢做預測時：所有趨勢能否支持同一種預測？**

・思考優化重點・

你無法知道未來的事會如何發展，但卻可以提供一個「什麼都會發生」的信心預測。如要對某個答案有信心，就利用多種觀點或非間接的測量工具做三角思考，如果所有觀點最後都有同樣的結果，就能對該答案有相當高的把握；如果是不同的結果就是警訊，要找出整件事中可能有誤解的部分。

「三角思考術」的小練習

1. 在網路上找出「是否真有尼斯湖水怪」的五個資料來源，這些來源是以哪種說法來做三角化？
2. 要有多少種、哪一種或哪些新聞的資料來源，你才會相信這個故事？
3. 用四種來源查看下週的氣象報告：氣象頻道、國家氣象局（www.weather.gov）和農民曆，三角化這些資料來源後是否有同樣的預測結果？

4.

假設你的孩子問你：

「我要如何決定玩哪種運動？」或

「我如何決定要參加哪個社團？」或

「我要選哪一種樂器？」

你會用什麼觀點來做三角化找出答案？

Chapter 25 改變 Change

前提和改變

管理職務最大的挑戰之一就是協助他人度過變化期，像是工作變化、工作環境的改變、或僅是計畫的更動。藉由了解其他人如何找到結果，我們可以解釋為何人不喜歡改變，也可提出建議幫助他人度過變化的階段。

為了解釋改變期間的思考過程，我們必須探討結論之所以會出現的前提。記得前提組成元件和其運作的方式嗎？事實、觀察和經驗會結合形成假設，並透過信念進行過濾，直到找出結論。對前提愈有把握，就會對結論更有信心；反之對前提若沒有把握，則信心就會更少。在討論改變的範疇中，結論就是最後要做什麼，也就是你或他人應該要採取的動作；如果你對此毫無自信，則你就無法進行這些行為。

從接下來舉的例子中，你會看到改變發生時你多半缺乏經驗，也就是面對新活動、新流程或新主管時的經驗。當經驗減少，前提就會弱化，而我們知道這類前提就會使人對結論沒有把握，你不確定該怎麼做、如何說或如何應對，最終你仍舊對改變無法適從。

直接舉例來說明吧，如果你的公司裡出現人事結構的變化，你將有位新的主管，而你的工作職責也因而起了變化，但前提是否也有變動呢？事實仍是事實，因為事實是絕對且無法更改的；至於觀察，你看到或被告知的部分可能稍有變動，但大部分的變化是在經驗上，你過去從未碰過這個新主管，或者對新的工作內容完全不熟悉，你也不懂要在新工作範疇上運用什麼經驗技能，如果你被指定加入一個新團隊，你甚至也沒有跟其他成員共事或了解這團隊工作方式的經驗。

與過往熟悉的環境相比，面對新環境的你當然較無經驗，這也使你應該做什麼的前提被削弱，我們都會將重心放在自己的經驗上，所以當我們較沒有經驗時，前提就會更加弱化。你不知道接下來該怎麼做，也沒有把握要對新主管說什麼，或有信心能在新崗位上達成指定目標；你不知道怎樣能做好、不確定其他人對你這位「新進」有何看法，簡而言之你對這一切的變化感到不安，這也是為什麼我們通常不喜歡改變，因為我們的前提會漸漸弱化，對於原本知悉的一切也會愈來愈沒有把握。

另一個例子是以往熟悉的流程有了變化，你可能會裝作沒看到然後繼續按照舊的流程走，但你這樣就更不會有處理新流程的經驗了。雖然有培訓，但仍有許多得記得和運用的部分，每每開始熟悉新流程時你的速度會較慢，不僅要經常對照書面資料，對於結果或自己做得對不對也沒有把握；總之因為不熟悉新流程，所以針對選擇哪一種或是如何依序進行的結果，你的前提非常薄弱，因此對於是否能確實做新流程的自信也較低，整體來說，你對流程的改變感到不自在。

我們的預測能力會大大影響我們對於改變的態度，面對當前持續進行的事我們會很有自信，因為我們有很多經驗且前提非常堅定，當然這是另一種描述我們有能力預測會發生什麼事的說法啦。如果某個行政流程包括了五個步驟，你已有一百次進行這個流程的經驗，且它們最後都有同樣的結果，那你自然會假設下次走這個流程時會有相同結果出現，這就是很好的歸納法。現在別再想這些經驗，出現了新的系統，你無法預測會出現什麼結果，而這讓你感到非常不安。

幫助他人接受改變

如何在變化期間幫助他人或自己？有些主管直接建議員工咬牙撐過去，但可惜是這種辦法根本不能解決問題。**如果你想要幫助他人適應變化，就必須幫助他們提升前提的強度，讓他們藉此找出有把握的結論**；其實，你真正幫助他們的是慢慢注入自信，讓他們知道自己在做什麼，其中一種方法就是給他們充足的時間來獲取經驗，但是這種方法需要無限耐心，還得假設你有很多時間能夠這樣做，而大部分的公司和主管根本沒有時間等員工適應，所以還有什麼方法呢？你可以提供更多事實（如果有的話），但大部分的時間裡，值得關注的是觀察和假設。

舉例來說：公司剛換新的電腦應用系統，但員工們全沒用過這個新系統，所以「要怎麼做」

的前提很薄弱；這些員工向來是專業技術人員，但也因為本是專家，如今卻因初學者所以犯了不少錯。要幫助這些老專家重獲新生，方法就是讓他們與使用過新系統的經驗人士，也就是主題專家（subject matter expert，簡稱 SME）連結，SME 會使用他／她的個人經驗指示初學者如何做（觀察），進而利用這些額外觀察加強初學者的前提。

一旦初學者能展示這些觀察到的東西，他／她也就可以開始自己獲得經驗，同時，SME 也會聽取初學者說明自己如何操作：「我想應該是這樣做」，SME 會說：「沒錯，就是這樣」；這樣一來，初學者的假設就能有所驗證，也可增強觀察和驗證過的假設，最後產生強力的前提，一旦前提變得更有力，初學者對結論就更有把握，他們會了解要做什麼、如何做，最後克服了他們對改變的反感。

從改變開始做起

當你想藉由了解有何變化，以及如何強化前提幫助他人度過變化期，以下是幾個為改變做好準備的例子：

- **流程改變：當你必須學習或指導一個全新流程或不同的步驟順序，看看是否有提供基本經**

驗或觀察的培訓機會，最重要的是確保有 SME 一樣訓練完備的人，可以隨時幫助其他需要學習的人；SME 能為這些人提供經驗和驗證過後的假設。

- 組織規模上的更動：對人來說這是其中一種最難適應的改變，不僅可能有新的主管和新的職責，他們也許無法想像未來自己的職涯規劃，也沒法預測自己的未來將有什麼變化。此時，從他們對於改變、新的角色和職責，以及會否影響他人工作的態度，你能感覺其擔憂，通常組織架構上的更動會先出現，然後每人就會倉促地想要知道如何溝通聯繫，若能先行規劃，你就能提供他們會樂意看到的資訊（觀察），或至少可以知道未來該如何是好。
- 改變的客戶服務：新產品或新服務的發表，或削減原有的服務，會為客戶帶來多大的改變？針對這種調整問問「那又如何」，找出客戶會如何應對。當你以往使用的產品有了變動或突然無法使用導致你必須換其他替代商品時，你會有什麼反應？你會出現幾次失誤、花更多時間處理事情，或是結果就是不理想，你會回想原本的產品有多好用，而你從沒用過這個新產品；雖然這變動或許是個值得學習的契機，但過程不見得順利。換成是你，你要如何跟客戶溝通這種改變，又要如何幫助他們克服這種變化呢？

接著，以下還有兩種方法，可以幫助你和他人適應變動：

・了解「改變」是好的：這意味你會為前提學習新的經驗，你的知識也會有所增長，你會變得聰明，並將智慧運用在更好的地方。改變是很好的事，問問自己「我要如何運用這個新契機？」比如說你被指派新的職位好幫助其他小組，但這個職務是你不熟悉的領域，雖然這項變化會很艱巨，但你將有機會學習到全新技能，未來說不定能以此提升自己的職涯，這樣看來改變是好的！

・認知改動：如果你想改變某件事，那就要知道這項改動對其他人的前提會是種打擊，要了解他們會對接下來該做什麼感到困擾，你也要認知他們對全新的系統或流程沒有太多經驗，所以他們現在可能對自己該怎麼做沒有把握，這是可以理解的。

・思考優化重點・

改變一般來說意味著經驗不足，這也代表前提強度不大，因為你無法預測會發生什麼，所以會使人對於該做什麼沒有信心；以多做觀察和驗證假設來強化前提，增加對結論的自信，並用以支持改變的過渡期。

「改變」的小練習

1. 試著用另一隻手來刷牙，有什麼不同？你覺得這種改變如何？
2. 看看正在學習如何操作新機器或新電腦應用程式的人，你清楚地看他們非常受挫，問問他們為何要沮喪。
3. 與同事討論最近改變的事、你在學習的事，以及你原本曾有的經驗如今無法適用的情形。
4. 問問某人：他／她是否喜歡變化，如果對方說是，問問喜歡變化的理由是什麼，你可能會得到一個「新鮮事物」的解釋，這些人著重的是改變的正向層面，也就是學習。如果對方答案是否，是哪種原因讓他不喜歡，你得到的解釋可能是因為他／她知道的事物已被淘汰，這些人著重的是，他們曾經熟悉的事物如今卻不敷使用；那麼當下次出現變化時，你重視的是哪一個部分？

Chapter 26 影響和說服
Influencing and Persuading

現在，你可能因為結論有了著落而開心，但這還沒完，因為你不能憑空做出結論，你的老闆必需要認可這些結論、員工的報告你需要了解，而你也需要同組組員幫助實行它們。但是，並非每個人都會同意你的結論，這樣一來你就要影響並進一步說服那些不同意的人。

影響和說服之間的差異在於是誰的結論受到爭議，以及事情必須改變的程度有多少。影響是改變他人的結論，他們自己需要解決這問題，你做的只是和他們溝通你的前提元件如你的觀察，好讓他們調整前提和後續間接產生的結論；說服是直接使他人接受或同意你的結論，這對他／她來說可能在開始就是完全不一樣的思考方式。

這個例子是一般中階主管會面臨的問題：如何才能影響高階主管？如果你也是中階主管，第一步應該是要釐清這裡的影響指的是什麼，通常是讓高階主管改變主意同意你的建議，如果他們最終的結論裡確實結合你的想法，那影響就成功了。

說服通常會在人們用「使」這個字時出現：「我要如何使他們同意讓我這麼做？」或是「我要如何使他們做這個工作？」或是「我要如何使他

們買我的產品？」如果他／她認同你，接納你的結論並依你說的去做，你已成功說服他們。

影響一般來說會比說服還要難，如果你想影響某位同事的想法，應該要讓他／她看到新的觀察、經驗和事實，而不是直接改變對方心裡所想，利用你認為他／她會覺得有用的資訊，來做出他／她的結論；如果他／她的前提裡有考量你的想法，你就完成影響的工作了。他／她的結論會因此改變，因為必須要和你提供給他的元件相符，這樣一來，你便成功影響了這位同事的結論。舉例來說，你在銷售部門工作，新來的業務助理雪若正竭力向某位重要的客戶推銷新產品，且剛從介紹新功能開始滔滔不絕地說著。

於是，經驗豐富的你走過去說，「嗨！雪若，我以前有在這個櫃上服務，在推銷新產品給客人時，我發現先介紹目前現有的產品會是不錯的方法，然後讓客人表達他們有多喜歡該產品，先讓客人維持愉快的心情，然後我會說『如果您喜歡這類產品，現在有新推出的產品喔！』這方法每試必中。」雪若聽你解釋自己的方法，對她來說就是觀察，你提供以前臨櫃服務的經驗當作參考（另一種觀察），也為你的說法增添可靠性。有這些觀察後雪若就調整了她的推銷方式，簡單明瞭地將客戶關注的重心從現有的產品移開，你成功地影響了她。

說服則是一種更直接的方法，**比較各種前提，找出前提背後最重要的部分，然後將他人自己的結論轉至你的或其他結論上**。說服是指試圖轉換某個人的想法，通過說服他「還有其他更好的方法」來讓他改變。假設你的同事說：「我們需要找十個客戶來做測試」，然後你說「我覺得至少要找五十個」，此時你向他展示的是你的前提元件，其中一個是你之前找少數或多數客戶檢測的經驗；簡單討論之後，這位同事對你的經驗和觀察比較有信心，因此你成功說服了他，接受你的結論。

不論是影響還是說服，重點是要改變某人的結論，這兩種方法的技巧其實是差不多的。

使用前提影響他人

我們知道前提可以用來組織結論，若你想影響其他人的結論，他們便需要前提元件當作你要他們這樣做的支撐基礎。

例如你希望管理階層能更加了解員工的成就表現，因此你可能會找一篇關於「管理階層了解員工，可使員工成就表現更加優異」的文章，這種觀察可以強化主管階層在「如何激勵員工」一事上的前提，你也可以跟主管閒聊有關員工士氣的事，給他一些利用工作表現改變現況的案例，給對方更多事實、觀察和經驗來輔佐前提，進而讓他改變結論。如果這些元件可靠且與他／她的前提相符，那這些元件就能影響他／她，就算新的證據可靠但無法與其前提一致，至少他／她也會暫停下來，思考為何不符的原因。

在上述兩種案例中，想必你也受到影響吧。

使用前提說服他人

要說服他人我們多半會比較被動，如果你想改變他人的想法（即結論），第一步是了解他們組織結論時的前提，如果他們對結論很有把握，就是因為背後有（或他們認為有）強大的前提支撐。這情況下唯一能改變他們想法的辦法是削弱其前提，這樣能使他們懷疑自己的結論是否不夠好，因為沒人會在無路可逃時又走進死胡同裡，如果你能弱化他人的前提，則他／她就會對其他想法有興趣。

如果你能夠證明自己的前提言之有物，他／她會對你的結論有信心，接著改變想法。

而如果你要弱化他們的前提，就必須要證明有事實並非是真，找出與前提相矛盾的經驗，針對眼前著重的觀察提出質疑或提供其他觀察，並可以找出驗證假設謬誤的方法。

讓我們假設在行銷部門工作的你想提升某項產品的價格，於是你通知銷售部的副總，對方聽了立刻回應：「這項產品會成同類產品中價格最高的，這樣一來就沒有競爭力，客戶也不會買（假設），所以不好調漲價格（結論）。」此時就要開始討論前提。

你問副總：「為什麼你覺得此產品變成同類產品中價格最高的，客戶就不想買呢？」（這是副總提出的假設）

銷售部副總回應道：「我過去任職的公司裡，每當我們調漲價格，最後都會流失許多客源。」（經驗）

你說：「客源流失勢必會有的，但根據我們的客戶調查，他們之所以購買我們的產品是因為獨特的功能，即便價格也是因素之一，但卻是問卷調查上的最後一項。（相對觀察）你不也因為我們產品獨一無二的功能，而剛賣出價格不菲的品項嗎？（相對觀察）」

銷售部副總：「說的也是。」

你繼續說：「我們是市場龍頭，市占率高達百分之六十（事實），而我們的價值主張也非物美價廉，而是功能性（觀察）。我們之所以是市場龍頭公司，是因為我們比其他公司更能解決顧客所需（假設），這是我們公司的真正價值（觀察）。因此我想，調漲價格或許能帶來更多收益（假設），這樣說你懂嗎？」（你詢問對方是否同意你提出漲價的要求）

銷售部副總回應：「我懂了。」這段對話裡，你成功提出可靠的觀察來反駁銷售部副總的假設和經驗，成功削弱他原有的前提，同時你也運用可信度高的觀察、事實和經驗來強化自己的假設，讓對方沒有話說。這樣很好，你成功說服他了。

或許需要有人說服你？

削弱他人前提、同時強化自己的論述，對方就可能在採信你的說法時也對自己的想法失去信心，這時的你就是正說服他們同意你的結論。現在請反向思考一下，思辨並不是爭贏或強調自己的意見，而是著重所有人的意見溝通；思辨不是只看你自己的辦法，而是找出絕佳的解決方法，說不定你的假設才是無效的。身為解惑者，你的職責不是找出解決辦法，而是確保問題能夠解決，如果你看到某本書裡的辦法有效，雖然這並非你自己的想法，但你難道不會想用看看嗎？

別太過執著於自己的想法而傷害別人，試著考量多種結論，由此開始對話；這是為了找出哪種是適用性最高，且能最有效完成目標的辦法，一旦知道自己前提確實不夠好，你會樂於改變想法，畢竟你應該在問他人做何感想時保持開放樂觀的態度，你也會想「還好我們有討論過，因為我的方法顯然不會如我預期的完成目標。」

從影響和說服開始做起

不論怎麼說，影響、說服、買進、信服或是直接改變他人的想法，這些都是提升前提強度以支持結論的策略，只有在這之後，你才能了解結論的基礎並著手改變它。

以下是幾個你可以比照辦理的例子：

- **在如何完成某件事的議題上，你的結論與另一個人不同時：這個人是否用了不一致或有疑慮的前提元件？是否有新的觀察或經驗與這人使用的相互矛盾？能否提出條件，證明對方的假設在某些情況下就會無效？**

比如說，你和合夥人搭乘飛機，剛剛抵達了舊金山國際機場：

合夥人：「搭計程車進市區吧（結論）。」

你：「可以搭BART（Bay Area Rapid Transit，舊金山灣區捷運）啊，簡單、便宜又很快（假設），搭捷運吧（結論）。」

合夥人：「他們正在罷工」糟了！你的合夥人正驗證你說捷運較簡單且更快的假設無效。因此你的結論不再有所支撐，於是你說「那搭計程車吧！」（這件事真的發生在我身上過！）

- **你希望老闆可以贊同你的想法：假設老闆問你「你怎麼會有這個想法？」而你回答「我只是覺得這點子不錯。」沒有任何時候會比這種情形來得更糟了，記得表達意見時要做好提出假設的準備，還要出示組織假設時利用的事實、觀察和經驗，並要指出如何驗證它。**

比如說：

「老闆，我建議將目前十二個月的產品保固期延長到十八個月。」你說。

「為什麼這麼說？」老闆問。

「分析上千次的購買紀錄資料後，我們產品只有少數幾件是在購買後的第十二個月至第十八個月間回報需要修理（觀察），因此我假設在原本的十二個月保固期間，只有少數客戶會回報購買的產品有問題，當然這種開支對我們來說微不足道，不過我也假定如果保固期延長，客人對我們的服務品質評價會更好，這假設是因為我們有對客戶做產品滿意調查，其中一個選項就是品質，他們在如何評估產品品質上，最常出現的建議是保固期的長短。資料在這裡請您過目。」

老闆最後說「很好，你成功說服我了。」

- **參與討論時，你聽著其他人為自己的論點彼此爭論著：此時你可以提出幾個問題，例如有哪些假設和理由，你也能插話問說：「你們是否看過這份報告了？（觀察）」這樣就會開始一段討論，從中可發現某項前提的優勢可能會使另一個相形見絀，然後大家就會跟著同意，如此一來你成功影響了其他人。**

- **出示證據（爭論或提議某項結論，或是尋求認同）：有兩個辦法可達成：（1）從結論開始直接回頭討論你做出的假設，以及解釋原因，或是（2）從提出事實、觀察和經驗開始，告訴對方這些元件如何讓你組織假設、你如何驗證這些假設，並說明為何會出現這樣的結論。**

你可能注意到在這一章中我沒有提到「信念」，雖然信念會影響你的前提，但是信念是很難開啟對話的主題，就算真的談了，對方最終也只是會同意或否定你的信念，除此之外很難有其他延伸話題。

如果他們非常反對你的信念，那前提就會削弱，他們也不會認為你的結論有多好；如果他們同意你的信念，他們仍舊可能不管你的前提，因為他們或許會想，信念是個人觀感與工作無關，因此也不會為你的前提加分。但是如果你知道老闆認定要做好事，那說不定有機會聊一下，「順道一提，這樣的方法也算做好事的一種！」這樣就像全壘打一樣，就算其他人的前提跟你不同，也能輕鬆敲定結論。

下一部的內容中，你即將會進入一個跟這些不一樣的世界，在那個討論結論的世界裡，你可以運用目前我們提過的思辨方法組織結論，我們稱這樣的過程為「創新」。

・思考優化重點・

影響和說服的目的是讓他人改變其結論，你可以削弱他們組織結論的前提，然後強化其他結論的前提來完成這個動作，如此一來，他們會對本來的結論漸漸失去信心，而對新的結論更有把握，最後就改變心意。如果你自己的前提不夠堅定，也請看看其他新的可能，這樣你就是被說服的那一個。

「影響和說服」的小練習

1. 父母要如何影響孩子，使他們多說「請」和「謝謝」？
2. 如果送報生將你家報紙丟到草皮而不是車道，你要如何說服他別這樣做？（提示：他自己需有「將報紙放在車道上」的想法。）
3. 薪資審查時要如何影響老闆給你加薪？

4. 手邊計畫進度有點落後，有些組員很努力地趕工，但有些人卻沒怎麼做事，你要如何說服每個人盡到自己的本分？（提示：你的結論是努力工作，他們當前的結論則不是如此。）

5. 現在是提預算的時候，你要如何影響高階主管，為你的部門爭取明年有更多的預算？

6. 有項新的工作流程，但員工顯然還在使用舊的方法，你要如何說服他們用新的流程？

PART 4

下結論與創新思維

Conclusions and Innovation

美國思想家愛默生（Ralph Waldo Emerson）曾有一段至理名言：「若你打造得出更好的捕鼠器，那全世界的人都會爭先恐後地來到你家門前。」使用歸納法的過程是從前提開始建構結論，這通常可以總結出健全、得以實行且可靠的問題解決辦法，也就是更好的捕鼠器。

但是如果更好的捕鼠器仍舊不足以解決問題呢？如果你想確實地找出一個可以突破既有規範的解決辦法呢？假設公司營收處於持平狀態，唯一的辦法似乎就是得銷售更多、更多的業務、或是修訂產品增值的生產線，在會議上某個人說：「拜託各位！我們需要跳脫框架思考！」於是每個人就非常急迫地想找出跳脫框架的解決辦法，但要突破框架的問題是你必須先知道框架是什麼。

我們將創新和創意的定義為：提供新的或調整過的結論，取得正向結果。創新可是客製化的過程、新穎的產品、不同的行銷手法或是處理客服電話的不同方式。

那麼，往常的結論和創新的結論之間又有什麼差別？要分辨這兩者之間的差異並不複雜——就看哪種辦法有用，能解決問題。辦法固然有很多，但最後出來的結果也會不同，如果你是要增加百分之五的銷售量，或許有很多方法，但其中可能只有一個方法能使銷售量增加百分之二十，或用一半的時間就達成銷售成長。而這種強效的解決方法，比起只能有效增加百分之五的方法較為創新，因為最終結果的成效較顯著。**創新不一定是新的產物，只要能產生獨特的解決辦法即可。**

在一般簡單的解決辦法之外，以下是三種讓我們能產生顯著成果的思辨的工具：

- **跳脫框架的思考**
- **綁架式的思考**
- **不可能的思考**

我會在接下來三個章節詳細說明這三種思考工具，能使用它們的場合非常多，舉凡是「我不知道要做什麼」，到「還有比這個更好的辦法嗎？」，甚至是「我們需要能突破現狀的點子。」你不會一直使用這些工具，你也不需要這樣做，因為大部分的情況下，一般藉由前提找出結論的思辨過程就足以解決問題了。不過也正是此時你要開始了解上述的思考工具，因為這些工具也同樣立基在思辨的過程上。

圖IV.1說明了歸納式和演繹式兩種模式中前提到結論的過程，除了這兩個我們前面提過的部分，還另外顯示新工具如何將這段過程加以強化的情形：

這張圖中有四種找出解決辦法的思辨模式，第一種也是最主要的一種，基本但高成效的演繹法和歸納法，即透過事實、觀察、經驗、信念和假設來建構前提並接者找出結論。我們都知道，這種方法的確能產生有效的解決辦法，但在這第一種方法之外的是跳脫框架的思考，再外一層是綁架式的思考，然後是我們公司稱的「不可能」的思考；我們仍舊身處在結論的世界，但卻是經過新工具強化後的世界。

圖表 IV.1 結論（解決辦法）的世界

跳脫框架、綁架式和不可能的思考能找出你無法直接聯想到的解決辦法。

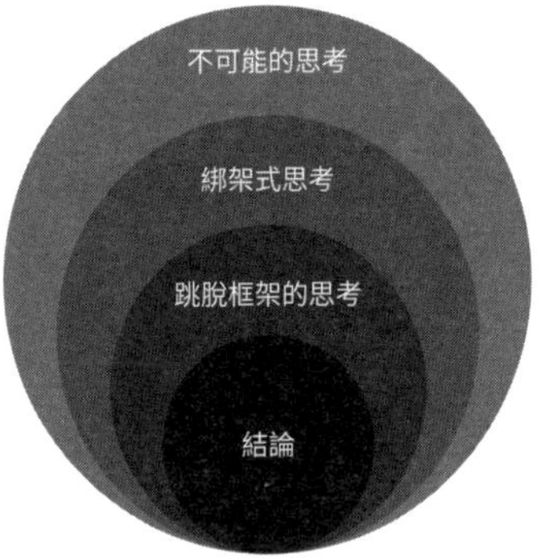

結論產生有效的解決辦法。

結論（解決辦法）的世界

創新並非是留給那些想到絕妙新產品或想法的人的工具，當然這些想法很有創新力，我們也將它們歸類為新發明，但是每個人都可以有創新力，使用思辨作為基礎後更是如此，所以，讓我們先從這個部分的第一章節開始介紹：什麼是「跳脫框架的思考」。

Chapter 27 跳脫框架的思考 Outside-the-Box Thinking

「我們必須跳脫框架思考！」突然有人在會議上放聲大喊，這個句子說明當前的思考沒能找出滿意的解決辦法，這些辦法若非不夠獨特，就是無法產生理想的結果。

我聽到這種句子的時候，總是會問「跳脫框架是什麼？」而通常我獲得的回應多半有「遠離原來的形式」、「全新改造」、「創新」、「徹底改變」、「毫無侷限」還有「非先入為主的論點」，接著我便點個頭，繼續問「但是規範指的是什麼？我們想出解決辦法的一般方式又是什麼？」

讓我感到欣慰的是，參加我們課程的學員通常會記得正式課前那一個小時的教學，當他們說「歸納、前提引導結論；事實、觀察、經驗、信念和假設。」

我就會跟著歡呼：「耶！」

讓我們想像「框架」是個由事實、觀察、經驗、信念和假設包圍起來的盒子，因此如果你想要跳脫框架思考，就要摒除這些束縛；你仍可使用歸納法，但要用新的或是調整過後的前提元素，就像下圖表27.1顯示的那樣，你要不斷將這些邊框推出去。

圖表 27.1 盒子（框架）

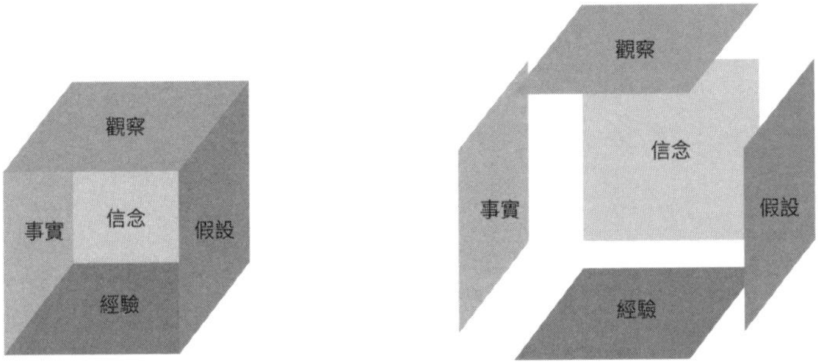

盒子　　　　跳出盒子（跳脫框架）

圖表 27.2 九點圖

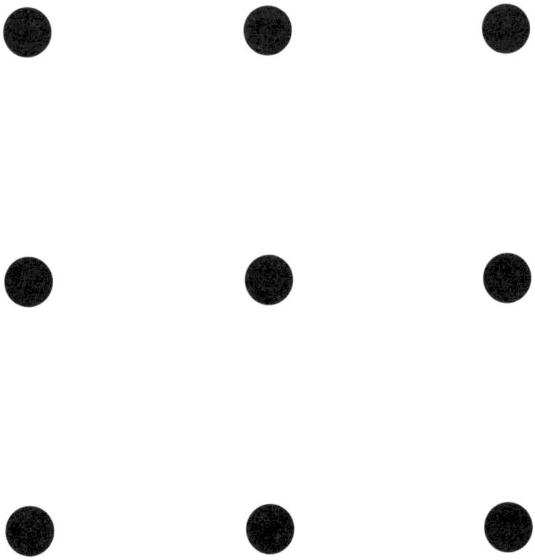

解答

接著，也請你試試圖表27.2的九點圖（你可以複印這頁，以免你直接將解答給下一位閱讀本書的人），拿出原子筆或鉛筆放在任何一個黑點上，在不提筆、不折損、毀壞或撕毀這張紙的前提下，三十秒內畫出可以連接所有黑點的四條直線（提示：記得跳脫框架思考）；正確的解答就詳見：http://www.headscratchers.com/ThinkingOutsideTheBox.html。（或可利用前頁右下的QR碼連結）

當我們在課上進行這項活動時，在場二十或二十五個人裡只有少數幾個能夠解答，有些人認為他們做完了，但最後發現他們的筆離開了紙。

事實上，我們都喜歡框框，甚至喜歡待在框架裡，因為框架是熟悉的事物，我們不僅經歷過，還利用這些元素建構前提形成有把握的結論；跳脫框架對我們來說反而是奇怪不自然的，但若想解出九點圖，創新的解答方法就是要在這些邊框外思考，然後跳脫框架下筆。

問問「如果」和「有沒有其他的」

現在讓我們回歸現實世界，利用「如果」的問題來將邊框往外推，跳脫整個框架思考。但如果我做的假設是不真實或無效的呢？如果我有跟你一樣的假設呢？如果我們兩人的假設都無效的呢？如果我之前從來沒有這種經驗怎麼辦？如果我沒讀過紀錄怎麼辦？這會不會影響到我的想法？進行跳脫框架思考時，就是在挑戰定義框架時使用的前提。

多年前在我們公司的課程上，有一位財務投資分析師，當時正好是金融危機的隔一年，也就是今日人們說自大蕭條後最嚴重的一次經濟危機，我當時也曾投資幾家股票，所以也急著想聽他說明到底發生什麼事。當時他準備了所有的數據和圖表，講解非常徹底，他將當時那次的股票崩盤與過去八十年來曾有過的崩盤、暴跌和回升情形，連同大蕭條在內一起比較，在他做的比對中還包括預測何時賣出股票、何時不賣，還有何時可以買進等等。

他就跟其他的分析師一樣，將二〇〇八年的金融危機和先前的危機比較，認為可以藉此做出假設預測未來趨勢，而他為客戶設計的投資策略也是按照這種模式進行的。當然我只是個剛接觸股票投資的菜鳥，我怎麼能質疑他的想法呢？但我的確問了一個問題：「如果你將當前社經環境與過去情況相比後得出的假設，其實是錯誤的呢？如果這次是全新的經濟危機呢？這樣又會如何？」結果全場鴉雀無聲，所有人好像陷入沈思般靜默不語。這一個問題讓這位財務分析師跳出了他的框架，因此，在協助客戶管理投資上他有了新的想法。而我，當然沒有這個問題的解答，我只是以思考教練的身份問了問題，想刺激出「跳脫框架」思考的氛圍。

在「如果這個假設是錯誤的呢？」這問題後面，還有「我能做其他假設嗎？」和「其他假設如何改變我的想法？」而「如果我從來沒有類似經驗呢？」的問題，延伸有「有什麼其他經驗會改變我的想法？」另外在「如果我看到的留言是不正確的呢？」，接著會有「還有什麼其他資料可能可以給我新的想法？」

從跳脫框架思考開始做起

以下是幾個適合跳脫框架思考的場合：

- 有人說「我們需要跳脫框架思考」時：釐清當前的盒子（框架）是什麼，然後問問題，像是「如果我們的假設是錯誤的呢？」或是「如果我們從來沒有過這種經驗呢？」
- 所設前提找不出解決辦法時：當前提和其元件產生的結果跟你現在做的一樣，或是跟你嘗試過的依舊相同，這時就適合進行創新式的討論，就從跳脫框架思考開始吧。
- 重大的改變出現時：當你的競爭對手提出對你來說很重大的威脅（可能大降價或發佈新產品），這時跳脫框架思考就是必要動作。或許你只是有幸遇到可以取得優勢的大好機會，或你最近剛簽訂一份天價的合約，短期內需要更多的人力，但平時招聘方式無法滿足這期間內的人力需求，你需要其他辦法。
- 危機出現時：如果發生危機而你沒有隨機應變的計畫，你可能需要跳脫框架思考才能想得到方法。

・思考優化重點・

要跳脫框架（盒子）思考，你必須知道盒子是由前提包裝的，因此你必須將盒子的邊框和前提元件往外推，利用「如果」和「其他的」來推這些邊框，找出新的想法。

「跳脫框架思考」的小練習

1. 想像有塊紅磚，在三十秒內寫下能利用這個磚塊做的事，接著檢查所有不尋常的用途，根據這些用途你能做出什麼假設？
2. 我們著手一項計畫時通常認為欲速則不達，如果這個假設不是真的呢？如果你的目標是要同時提升速度和品質呢？這些又會如何改變你的思考？
3. 你認定「飼養動物就是為了宰殺牠們」是錯的觀念，所以成為素食主義者，但如果植物也會思考呢？這如何影響你的想法？
4. 大多數人都期待有朝一日能夠退休，你對自己在退休年齡時的財務和健康狀況又有什麼假想？若這些假設不是正確的呢？

Chapter
綁架式思考
Abductive Thinking
28

警告：本章內容可能讓你想的世界些許崩塌，或許你無法再以同樣的角度看待往常的事物。

憑著證據做臆測

你有聽過綁架嗎？（這與外星人毫無關聯）這是一種極其重要、但學校裡從來不會教的思考方法。綁架式思考就是臆測，以思辨的方式猜測，聽起來很奇怪吧？但是若你的前提無法引導出令人滿意的解決辦法，不論有沒有跳脫框架都沒有結果，那就是做綁架式思考的時候。

綁架式思考是以知識而非經驗來做思考，即依憑你知道的知識來做猜測，因此綁架式思考需要龐大且內容深入的知識資料庫。綁架式思考正好就如培根（Sir Francis Bacon）所說的「知識就是力量」，知識賦予你選擇的權利，而你要從哪獲得知識呢？答案就是你的經歷，經歷愈多，你所擁有的知識就愈多。

誠如你所見，綁架式思考有個很矛盾的地方，你需要龐大的知識基礎才能被綁架（做臆測），更多的經歷可以給你更多知識，但如果經驗愈多，

圖 28.1 工作時強力的歸納思考

你就更容易做歸納式思考，這樣根本難以去「猜」，因為你已經知道了。舉例來說，如果我從籃子裡拿出一萬顆彈珠，而這一萬顆全都是紅的，那接下來從籃子裡拿出來的彈珠會是什麼顏色呢？這一萬次的經驗讓你做出了非常有把握的假設，所以你會答「紅色」，甚至還會不惜一切賭就是紅色，當然這顆彈珠也有可能是藍色的，只不過藍色的可能性非常低。總之你無法猜，因為前提非常堅定，你認為你早已知道所以沒必要再多做猜測。

圖28.1是幅非常驚人、打破全盤思想的圖，圖中前提非常的強大，

所以你根本無法思考有任何其他可能的答案。看看這個棋盤格的圖，請描述標示A和B的方塊，你看到的是深灰色和淺灰色對嗎？如果它們是一模一樣的灰色呢？不是指字母喔，而是標有A和B的方塊。實際上它們真的是一模一樣的灰色，將這個圖影印下來，然後剪下方塊A，放在方塊B上，然後再放回原本的位置；然後用同樣的方式剪下方塊B，然後拿到方塊A上，再放回去。你是否嚇到了？沒錯，它們有同樣的形狀，而且兩個皆是深灰色，怎麼會這樣？

這個過程中發生了三件事：

1. 很久很久以前你出生了，沒多久後你就張開了雙眼，看見了影子，當光和物體同時存在時就會有影子，你周遭盡是各種影子而且你看過無數次了。根據你看見影子的經驗，你知道影子顯示的物體顏色會比實際的來得較淺，所以你的大腦會假設B比較淺。
2. 當你張開雙眼時，你還看到了透視，比較遠的事物顏色通常會比近的來得深，因為你也看過無數次這種現象，所以你假設比較遠的A顏色會比B更深。
3. 最後你就像是一臺圖像認知機器，因為你看了很多次這個棋盤圖；我們曾在第一章提到大腦會如何假設、丟棄或不要某些事物，所以我們經歷過的部分正好與圖片相符。

因此，你對影子、透視和圖案有了無數次的經驗，這時你的歸納思考非常強烈，大腦說「眼睛，你今天一定過得很不好，因為你正向我傳達毫無意義的資訊，所以我要換掉它。」於是大腦就將雙眼看到的東西變更，形成錯誤的視覺。方塊A和B本是同樣的灰色陰影，但因為有個占盡優勢的強力前提，所以大腦就改變了陰影的顏色，讓它與結論相符，並忽略與之相反的證據，因而不可能會想到是否有其他可能性存在。

守舊的思考

前面的圖例中，你會發現自己的歸納能力實在很好，沒有機會或空間去思考是否有其他的結果存在。你可能也曾聽過「老狗玩不出新把戲」的說法，通常是指長期在某個工作崗位的人，他／她對於需要學習新事物的回答是「嘿！我做這份工作三十年了，我知道要怎麼處理這個。」但是在剛剛我們看到的棋盤圖例裡，重點不在於你不想知道，而是你看不見，我們就稱這種思考模式為「守舊的思考」，也就是經驗過多、深刻到你看不見任何其他解決辦法的存在，因此你就沒有綁架式思考的能力，因為對你來說你知道答案，沒有必要去猜。

現實的世界並非真的就像棋盤的例子，你雖然從工作上獲得經歷，但也無法擁有無數種經驗，最主要的差別在於，雖然你對前提太有把握以致於看不見其他解決辦法，但只要有人拿出新的東西給你，你的反應通常是：「噢！對喔，我怎麼之前沒有想到？」但實際上你根本不會想到，因為你的歸納思考能力太過強勢。

經驗彌足珍貴，所以不能丟棄，只要記得你會認為自己很清楚狀況所以沒必要去猜，但這意味著你會更難去想到其他方法。

毫無經驗的知識

綁架式思考需要知識，又得在沒多少經驗的前提下才能成功；你要如何做到呢？有兩種辦法：

1. 如果你正試圖解決問題但從未有相關經驗，這時就能用綁架式思考。你需要吸取相關知識所以便開始閱讀、問問題並做相關研究，這些方法均能讓你在沒有經驗的狀況下學習。過了一陣子後，你獲得了足夠的知識，就說「我想我知道發生什麼事了，根據我了解的部分看來，解決辦法就是這個。」比如說，網路讓人類得以獲得大量與醫學領域相關的龐大知識，如果你覺得身體某個部位疼痛，就能利用網路找到與該部位疼痛和其他症狀的資料。（但請留意：不是所有網路上看到的資訊都是正確無誤的。）藉由閱讀來累積豐富大量的醫學知識的你沒有經驗，所以你只好猜測或是自我診斷，不過這可能會出現最糟的結果，徒留焦慮不安的感覺，但是你的猜測也可能正確，同時跟別人按照經驗得出來的結果不同。

2. 如果你對整個情況有過相關經驗，那就需要與沒有經驗但有相關知識的人一起合作，經驗讓你得以發揮自己的歸納思考，但你合作的人可以憑著知識猜測出另一種結果；當你發現自己會多番說出「這種想法真好，我從來沒有這樣想過。」，定會驚訝不已。

守舊思考的治療方法

守舊思考的治療方法是什麼？以下有幾件你可以做的事：

1. 千萬不要問自己哪裡守舊，因為你自己看不見，但你可以問自己「如果繼續墨守成規會有什麼風險？」接下來這個經歷曾讓我覺得當頭棒喝：某天我跟家人在一間餐廳用餐，另一邊有帶著兩個中學年紀大小的孩子來吃飯的家庭坐在我們隔壁桌。那兩個孩子邊講著手機，幾分鐘後開始互傳簡訊，但他們明明就只是面對面坐在同一桌，於是我對女兒說：「你看，他們無法跟彼此交談，竟然在互傳簡訊。」我女兒轉向我，說「爸爸，那是他們自己的隱私。」嗯，他們應該在聊一些不希望父母聽到的事，撇除這樣的行為不太禮貌以外，我覺得這樣的方法還不錯，因為我從沒想過可以這樣用手機；因為當天傍晚我曾用我的科技背景問問自己：「我如果繼續在科技方面上墨守成規，會有什麼樣的風險？」對我來說，要這樣認識既隱私又公開或利用我們公司訓練而看到的通訊世界是很難的。是否要在訓練裡加上簡訊、臉書或推特？我還沒有想過，但我確定等適當時機到來一定有機會這樣做，我將會找X、Y或Z世代的人才組織團隊，因為我自己根本做不來。

2. **你可以與具備豐富知識但沒有多少經驗的人合作。**他／她會問一些在你看來很白癡的問題，你從不問這些問題因為你懂得更多，但對方會嘗試這樣做，因為他們不知道是否有效，或許問了會有其他效果。看看孩子們如何組裝玩具吧，他們對材料、工程或物理沒有很多經驗，也沒有像你一樣無數次碰壁的經驗。

我曾在「目標想像組織」（Destination Image Organization，參考網站為 www.idodi.org）擔任幾年教練，指導一群由小學和中學生組成的七人小組，當時所有隊伍面臨幾次挑戰，主題有時與科技相關、有的與劇場等其他領域相關，他們要一同競爭並由評審選出最棒的隊伍。

有一年我的小組選擇一項艱難的科技挑戰題目，最後也想出一些問題解決辦法，當時我對自己說：「喔！我們永遠不會成功。」因為指導老師是不行幫忙組員的（這是個可以練習思考教練的機會），我也無法告訴他們這樣的方法不好，他們必須自己找出答案。

當他們的確發現有些辦法行不通時，我也想著「我就知道這樣做沒有用」，這群孩子接下來又試了我絕對不會選擇的辦法，當成功時我感到非常訝異，因為根據我對材料、建築和重量，還有孩子們擁有的才能（或者缺乏此類才能）的過往經驗看來，雖然我從沒試過，但我認定他們的設計絕對行不通。這次經歷讓我學到的教訓是不恥下問的必要，向比你資淺的人求救，請他幫忙照看、建議以及問問聽起來很白癡的問題；說不定這些問題之中，就有一個非但不笨，且可能產生你從未想過的想法或解決辦法。

我有一些客戶就成功克服故步自封的思考方式，當他們碰到問題需要解決時，就將公司裡較資深的員工和資淺的員工叫到一個房間，並規定前三十分鐘只許資淺的員工針對要解決的事問問題；一定要讓他們無虞地提出一大堆看似無聊的問題，因為即便如此，他們也會問出讓資深員工接著思考的問題，甚至要讓他們反問「為什麼會這樣問？」當資淺的員工進一步解釋時，這些「老」員工偶爾會出現「哇！這真是個好點子。我從沒想過還能這樣」的回應，這就是我們要的。

3. 留意像是「那再簡單而不過」或是「這很明顯啊」的話。每次出現「明顯」二字時，就有很強烈的歸納性思考，前提的強度也非常大。如果你現在必須要做一件之前就做過一百次、但結果都相同的事，對你來說就是很簡單的，既然已經做過了，為什麼還要想會有其他結果呢？雖然這種事經常發生，但在你有這種想法的同時，同時阻斷了用綁架式思考找出其他新點子的機會。

從綁架式思考開始做起

以下是幾個運用綁架式思考方法的時機：

- 參與者全都是經驗老道的資深員工時：你會有很多經驗和能夠利用這些經驗的場合，但這樣一來就是守舊的思考模式；問問「我們這樣墨守成規下去會有什麼樣的風險？」（提出這個問題的時候要小心，因為「墨守成規」一詞的傳統涵義很容易引起誤會，最好先看一下本章節的內容。）讓資淺員工一同加入討論，讓他們能無後顧之憂地提出聽來簡單的問題，這些問題當中或許會有意外的收穫。
- 當你聽到「這很明顯」的時候：了解之所以讓結論很明顯的經驗，如果這個再明顯也不過的解決辦法沒有用時該怎麼辦？
- 當你完全沒有過類似經歷時：此時你也別無選擇，只好獲得相關知識然後猜猜看是什麼，或許你的孩子找你幫忙協助他們在院子裡栽種蔬菜，在鄰近城市中長大的你，去過最近的院子其實是間花店；此時閱讀一些相關知識，猜猜看要怎麼辦，你可能會想找個有經驗的人詢問；你的猜測可能很不錯，也可能聽起來很傻，孩子們可能也不像你的同伴那樣有耐心。

- 當前的解決辦法已不再有效：這種情況下就是丟棄經驗，並從你知道的知識開始著手，如果你在銷售部門工作，且過去二十年來你都成功地與店內客戶當面談妥生意，但是現代人都利用網路購買商品，你或許不再有機會握到顧客的手，接下來該怎麼辦？

- **思考優化重點**

你的個人經驗是寶貴的資產，這表示你的歸納式思考和前提都非常堅定，你也對結論非常有把握；歸納式思考大多時候是有用的，但如果是守舊的思考就有風險，因為運用歸納思考就失去能猜測或找出新點子的機會。為了突破這個情況，一定要了解墨守成規會有什麼風險，試著與較無經驗的人一起共事吧。

「綁架式思考」的小練習

1. 列出你經常因為墨守成規而冒險的三件事，經驗豐富的你很難看見其他的機會，但這些經驗可能是你專業或個人生活的一部分。

2. 你可能曾經看到類似「啊！早知道我應該要罐V8蔬菜汁」的廣告，短片中的主角突然發現除了其它飲料，他可以喝V8蔬菜汁。這就是當某人原本一直看不見其他想法，卻突然發現到的反應；想想看過去你曾有此種反應的時刻，即「噢，我真不敢相信自己從未想過」的時刻，這就是發揮綁架式思考時的感覺。

3. 看看孩子們一同組裝某個東西，仔細聽聽他們討論如何能完成的對話，問他們一些問題，像是「為什麼你覺得這會有用？」你會有意外的收穫。

Chapter 29

不可能的思考

Impossible Thinking

想想看如何完成不可能之事

目前我們已經看過「跳脫框架思考」和「綁架式思考」，但真正能夠讓你在邊框之外發揮想像的工具，就一定會有「不可能的思考」。面臨困擾的問題時，你會思考、擴展這個問題，將它變成可以解決的事，這時你就會問，「如果必須解決這個問題，那這問題是否勢必得解決？如果解決不了就你不想活嗎？你要怎麼做呢？」

一段不可能的交談會發生一些事：首先，因為這個對話荒謬可笑，所以你知道這期間所有討論的事，即整段對話是很愚蠢的，因此，有很好想法但尚未發言的人就會開口，因為這時的討論就不會是錯誤的。令人驚訝的是，一般來說被忽略的荒謬想法此時反而容易被大家接納，因為整個對話都是荒謬的，所以每人提出來的想法不論多不可行都無所謂；正因這段對話很荒謬，所以大腦便無法決定哪個想法是不重要的，進而也不會丟棄任何想法。

有個簡單練習可以直接呈現不可能的思考，還記得在「跳脫框架思考」

一章裡看到的九點圖嗎？原本的要求是在不提筆的前提下，利用四條直線連接所有的點，現在換成用一條線吧。（在讀下一句之前做做看）我們的訓練課程裡，聽到這種要求後會有人在五至十秒內大喊「用粗的馬克筆！」沒有人會在跳脫框架思考時提出這種建議，因為這個問題根本就不可能做得到，有些人反而會很快地給出建議。為什麼？因為不可能的對話往往沒有侷限，也沒有現實之分，所以任何事都可能發生，這時的你也不會因為想法荒謬就不想，你反而會進一步檢查這些想法。

　　我們公司有些客戶是在製藥產業裡服務，在創新力課程中，我問學員，實驗室裡科學家說出「好，這是X病的解藥」，這個時間到該藥品真正上市需要多久時間？通常我收到的回答是十年、十二年或甚至要十五年。當我再問，那平均來說九年內要完成可行嗎？得到的回答會有「除非有很多繁文縟節的流程不用做」或是「怎麼可能做得到」，接著我會問那是否六個月可以完成，在場的人根本不想管我。這問題的目標就算認為可以完成，但實際上卻是不可能成功，然後我設想了以下的情境：

　　假設有一個被稱為Q1X5的病毒，非常容易受到感染，只要走過某個帶原者身邊就會受該病毒侵害。如果你感染到了Q1X5，你有百分之五十的機率會在一年內死亡，依照這種情況看來，地球人口會在三年內少很多。這個設想情境顯然是可怕的，但是想想你進入了一間實驗室，科學家正仔細研究實驗，他說「看看這個，是Q1X5的疫苗。」我問全班「你們覺得這個藥上市要花多少時間？」學員們紛紛大聲喊出答案，幾周、一兩個月。「什麼？你們不是覺得九年很難，甚至在我說六個月的時候不想理我嗎？這個情景有何不同？」他們回應說，此時可以減去實驗測試的步驟直接提供給人類，並直接到食品藥物管理局（FDA）排隊，略過醫學試驗，然後FDA提高對此藥品副作用的研究需求。當然在訓練課程上有很多荒謬且不實際的方法，但是嘗試解決不可能的事，可以碰撞出許多可以完成的計畫，儘管這些計畫不見得能真正解決問題，但計畫本身就能讓原本十年或十二年的時間縮短成九年，著實有了很大的差異。

從「不可能的思考」開始做起

以下是幾個可以利用「不可能思考」的場合：

- **某個問題讓你想不透，不論是傳統或跳脫框架的思考模式都做過了，但仍沒有辦法：假設你有個提升百分之七銷售量的計畫，但你必須要提升到百分之十，與會討論的人都沒有想到新點子，此時試著挑戰提升百分之五十吧，如果不行那所有人都打包走人。（如果你沒有其他替代方案就這樣做）結果你可能仍舊達不到五十，但這種設定目標的舉動可以讓所有人思考想到新方法，這樣一來，原本尚且無法完成的百分之三經過比較之後，就很容易**

完成。

- 每個人都說這行不通：你正進行一項估計需十八個月才能完成的計畫，某人問說能否十六個月內完成，其他人立馬說不可能。這時就可以問大家能否在六個月內完成，如果沒辦法完成那最後就是自己吃自己，與剩下的人一起坐吃山空，公司沒有營收也沒有客戶；這時候你會怎麼做呢？
- 你想以有趣的過程解決一個困難的議題：「不可能的」對話是好玩的，每件事都有可能，有些想法甚至讓你覺得古怪到笑出來，有些會讓你覺得真是足智多謀，你可能還會想為何需要經過這種討論才能出現這種結果。
- 可能達成之事變得無法完成：當難題太過深入，目前的辦法沒能成功解決，此時就想想因為無法跟隨科技或市場進化而幾近崩潰的公司吧。他們正處於或曾處在幾乎不可能的情況中，一般、跳脫框架和綁架式思考都沒能將他們從不可能的泥淖裡救出來，他們需要的正是不可能的思考。如果你是在一間專門販賣網路零售商商品的實體店鋪工作，但業績一直沒有起色，你需要不可能思考；比如說，如果你必須要讓明天來店人數是今天的十倍，做不到就得關門大吉，這時你會怎麼做呢？

・思考優化重點・

要求解決不可能的問題，來找出得以解決可能之事的新點子。

「不可能的思考」的小練習

1. 如果你必須在接下來的三十天內賣出比平常多十倍的商品，你會怎麼做呢？會不會反而想到如何增加百分之十銷售量這種較合理的目標？
2. 全球暖化迫在眉梢，除非全世界馬上降低二氧化碳排放量，否則我們將在五年內受影響而死，這時你該怎麼辦？你覺得我們應該怎麼做？你要如何上班和回家？食物又會變成怎樣？
3. 如果你必須減少百分之七十五的個人開銷，你會怎麼做？有沒有想到任何可以減少百分之十支出的點子呢？
4. 一般的產品發展需要十八個月，如果要在三個月內完成你會怎麼辦？你要怎麼進行計畫呢？

Chapter
結論的總結 30
Summary of Conclusions

創造不一樣的解決辦法

我們從討論歸納思考，以及思辨如何影響我們每天無數次的思考開始，現在我們已知一切跟都前提有關，即我們用來找出結論的事實、觀察、經驗、信念和假設。此外我們也一一探討了可靠性、一致性和三角式思考，讓前提更加有力，還學到影響和說服這兩種強化和弱化前提的方法，了解改變為何會這麼難和如何描述困難，我們也接著探討由跳脫框架思考、綁架式思考和「不可能的思考」等三種找出創新辦法的新技巧，這些新的技能可以找出原本在「前提至結論」的思辨過程中所無法找到的方法。

思辨的過程

「找出結論」的目的是為了問題解決和完成目標，而在「找尋辦法」時你可以問問下列問題：

- **有何種假設？（或是我現在做的是什麼假設？）**
- **為何我要提出這些假設？**
- **能否驗證這些假設？**

- 根據這些從事實、觀察和經驗得來的假設，我能獲得什麼結論？
- 我的前提元件是否可靠？
- 前提裡的每一項是否彼此相符，是否與其他我知道的相一致？
- 我能間接將這個辦法三角思考嗎？（或者，如果我從多方角度來看，是否會有相互矛盾的答案？）
- 根據這個結論，我如何能說服其他人同意這個辦法？
- 我如何為我的結論予以辯護？
- 我如何利用我的前提元件影響他人？
- 如果我們以此辦法繼續下去，又要如何幫助他人經歷這項變化？
- 如果我的假設是錯誤的呢？如果我從未有過那種經驗呢？這些問題背後是否有跳脫框架後能得出的答案？
- 如果墨守成規會如何？我要怎樣才能突破向來因循守舊的自己？
- 針對這個問題，如果我們設定的目標其實根本行不通呢？如果要完成可以做到的部分，要有什麼新的點子？

很抱歉，事情還沒完！

「創造解決辦法」是問題解決最重要的目標，但就算這樣也還不夠。即便你已經知道要怎麼做，也不代表你真會這樣做，你必須下定決心即刻完成動作，這決定並非是當初你想的那個，所以在你有所行動之前，其他人也需要下定決心，因此我們現在便為「決策」——這個最後且最簡單的思辨步驟，做好討論的準備。

PART 5

決策

Decisions

如果能依照思辨的架構面對問題，通常決策很快就會出現，因為你已經做完最重要的釐清和結論。你已經了解問題，也已經找出解決問題的結論，那現在就是行動之時，也就是要做還是不要做？你得決定是否確定要這樣做，或是不做。

你可能會想，既然決策只是做出「要做不做」的決定，為何得獨立探討？這有兩個原因：

一是雖然你可能是負責解決問題的那個人，你未必是批准行動的決策者，因此就會有另一個人必須思考進而下達同意指令；

第二，就算你清楚要如何處理，也不代表整個過程會自動開始運作，你必須有所行動（或是決定要不要做），然後要用不同於你在思考釐清和結論時的思考方式來完成動作。以你的必做清單來說，雖然你總結出要做這些事（所以這些事才會出現在清單上），但你還沒決定要完成它們，不然你早就將它們劃掉了。

我們只需要一些工具來幫助我們做出決策，第一步就是找出誰是決策者，我們通常以為我們就是決策者，但實際上我們只是建議的人而已。這不見得能讓我們的任務變得更簡單，只是說明我們並非是負責做出同意不同意決定的單一個體；如果主管必需認可你的行為，就算你的行為看來微不足道，那決策者就是他／她而不是你。除了要找出誰是決策者之外，也應該要知道何時需要完成決策，就如決策背後的需求一樣（沒錯，決策也是有需求的）；決策最重要的工具就是用來決定的分類，也就是必須讓決策者批准並開口說出「好吧」的必要清單。最後一項是分類裡的重要組成元素，即該項決定的風險，我們需要利用這些工具，來決定是否要做，還是不要做。

我們將以範例的方式來運作決策的過程，如果你知道如何找出結論，並有「我要接著了解決策」的想法，那就翻到下一頁來看看，你想知道的決策是什麼吧。

Chapter 31

誰、需求、什麼時候

Who, Need, and When

不管如何，這是誰的決定？

當全組成員努力釐清問題和找出最佳的解決辦法後，小組成員們都已經蓄勢待發，但還有件很重要的事：你們需要有人認同這樣做。

雖然你可能有權做決策，但並非所有人都願意聽命於你，或許因為你需要其他的預算、資料或是開銷用的資本，但這些部分不在你的負責範圍；又或許你需要得到批准，將這件事情優先性提高才能開始進行，如果這不是你能決定的事，那你就要請主管批准。他／她有很多決策的經驗，但困難在於他／她的回應有時會是「噢！這不是我能決定的，我們要找我的上級。」然後接著的回應也是「我們還需要更多人認同才行」，這在大公司裡更麻煩，最後得到的答覆有時還是「我不確定是否還需要誰認可耶。」

大部分的案例裡，一項決策只需一個人負責，其他人像是同儕或員工，只需請教意見和共識，但最後問題通常會回到某個人來決定是否要做，還是不做。

有些公司會有投票制的委員會，決策需獲得多數選票，或是偶爾透過無記名的投票來獲得認可。比如說，程序委員會的設立目標是要控制整間公司的導向，藉由每次決定是否履行計畫，以及訂定優先處理任務來完成其目標。委員會通常會有一位高階主管擔任主席，聽取各個委員的看法後宣布通過或不通過，不論是何種情況，知道誰是作出決策的人是很重要的，不管決策者是你、另一個人或某個委員都是如此，你必須將問題和結論呈上至決策者，因為他們才是評估整個情況，根據類別而做出最終決定的人。

又來了，需求！

就像在本書前面「釐清」章節時討論的需求一樣，為什麼需要解決這問題？決策裡的需求可以知道為何某人必須要做決定，包括這位特定決策者是基於何種需求得做出決策；大多時候這是因為他／她能解釋問題的相關結果，如果問題無法解決或目標無法達成，他／她的個人表現就會受到影響，如果決策者與需求毫無相關，這意味著他／她不認為這項決定會影響到他，那這樣就更難讓他決策了。這樣一來，你的提案就會一直擺在桌上，等到某天或許會被堆疊到最上層去，如果你想要有效率的決策過程，就要確保決策者深知如何使這項決定滿足需求。

比如說，你認為應該再找一個人來幫忙協助提出預計產品數量，當你做出這個結果後你就找出其他結論，例如是否要釋出職缺招募人才。人資部門通常也要一起參與，因為新來一位員工就會增加整體的員工數，因此你需要得到兩份認可，於是你就利用結論的前提元素，將此工作需求呈上到主管那，並試圖說服他，對於人資部門也比照辦理；你的主管負責整個部門的績效，所以他／她除了個人原因之外，還要確保產品能否成功滿足需求，而人資部門的需求是得確保員工有機會成長，甚至可以跨部門調動，他們也需要維持公司整體政策的員工平衡，當你知道這些需求後，你就可以進一步向他們展示，這項徵求員工的事若執行後將如何滿足他們的需求。

這項決策什麼時候要定案？

另一個決策的重要元素就是要知道「何時得做出決策」，如果你要看一部晚上八點在電影院裡上映的電影，就要在那個時間去電影院看，否則你就看不到了。在時間相關的選項上要找出何時做決定其實很簡單，因為如果你不在某個時間點下決定，那這問題就會自動設置成不去、不做任何動作、或是不改變條件等，因為沒有決定就不會影響任何事。

與時間相關的決策因為有明確的時間表，所以一定要問決策是否有明確的終結時間，也就是「絕對期限」，在這個時間點後做任何行為都來不及。這類型決策的困難之處在於訂定期限，因為大部分計畫都需要時間才能履行，如果結論需要四個月來完成，那就必須得在正式完成往前推四個月就作出決策，這也必須有彈性調適的空間，因為決策者可能會認為（或誤以為）晚個幾天，或甚至晚個一周或更久也不會影響預定進度。

當某人問出「這個最晚何時要決定？」不論是你給別人的回應，或是得到的回答，最糟的答覆就是「越快越好（ASAP）。」什麼叫做「越快越好」？這樣的回答是非常不明確的，因為可能是我可以做的時候，或是我沒有其他事情可做的時候，或是今天、明天或下個禮拜。「越快越好」並不是一個日期，這只會讓人更不懂確切期限是哪天，所以切記一定要給出明確做決策的日期。

之所以要知道或訂定期限，就是因為日期可以產生需求。如果你記得這個日期，且你的信念之一就是要說到做到，那你就會自己創造出需求，進而作出決定。產生需求是一個目的性的設置，因此要記住，「需求是發明之母」，在何時需做出決策之前，請確保有個日期。

從誰、需求、什麼時候開始做起

以下是幾個關於何時或如何找出誰、需求、什麼時候做出決定的想法：

- **找出結論後盡快找出決策者是誰：決策者如何快速決定，全憑你找到結論的時機，如果問題與行銷計畫相關，你可能會做出投放廣告的決定，但你的主管則須決定要在哪裡設置廣告，而總監則要同意相關預算。當你花更多時間思考結論細節時，讓決策者先行思考所有結論相關的部分，這會與下一章你將讀到的〈分類〉有很大的關聯。**

- 確保需求存在：在釐清階段你可能避免了需求的疑問，但現在就不能含糊帶過了，你和公司都有很多事要做，而你的決定可以做好先準備資料、資金和時間的動作，決策者得謹慎的思考，所以除非你已經找出需求是什麼，否則你就得冒著「無法通過」的風險，或是至少得花上一段時間等候，又或是得先保留無法行動。
- 找出要決定的期限，錯過這個期限才決定就太晚了：期限可以促使需求產生，如果決策的期限不夠明確，就算本來有決策的需要，這需求也不會存在。當然，不是出現需要就得立刻決定，但是沒有期限的「之後再說需求」實際上就等於是「無所求」的需求，所以一定要設定出得完成決策好滿足需求的明確期限，如果這點無法完成，那就要重新思考，為何你要在一開始建議實行這個計畫。

- 思考優化重點 -

找出決策者和決策的時間期限，並確保能讓你和團隊做出時間相關決定的需求。

「誰、需求、什麼時候」的小練習

1. 看看自己的必做清單，列在上頭的每一項是否都由你決定？你確定嗎？每一項需要在什麼時候完成？為什麼一定要在那個時間完成呢？
2. 做決定之前多想一下（問問「接下來呢」），誰是決策者？什麼時候一定要做出這項決策？此決策背後有什麼工作需求？對決策者來說做決定時的個人原因又是什麼？
3. 寫出十項你分別在工作和在家時需要負責的決定，並問問自己：你是否需要其他人來同意這項？你是否需要重要他人、家庭成員或是某位朋友在你繼續下去前同意這個決定？是的話那你就不是決策者，或至少不是唯一的決策者。
4. 假設你正在找其他工作，不論想換到公司別的部門或是其他地方，寫下六個需要做的決定，以及誰才是對應的決策者。例如，其中一個決定可能是尋找其他職缺，另一個是到其他州找住處，另一項是你要不要接受該項職缺的應聘，有誰幫你決定出這些選項呢？

Chapter 32
分類
Criteria

沒有分類就無法決定任何事

準備決策時，「分類」是一種條件，如果可以滿足這條件，那就能引導出贊成的結果，如果無法滿足，那決定就是不贊成，或之後再來決定。假設你打算買臺電視，因為目前家裡的電視已不敷使用，需要換一臺新的，而家裡的每一個人都喜歡看電視，或至少在某些場合時喜歡看電視，所以你認為這項物品是家庭娛樂的必需品，在個人需求方面，如果你不換一臺電視，那全家人會纏著你，而你會不勝其煩。

假設這種情況中你是決策者，你已經定好期限，預定從今天起三天內要成功換臺新電視。現在你來到商店，難道你就直接買一臺電視嗎？價錢可能需要考量，或許還有財力狀況，其他的類別可能有尺寸、畫質還有許多配件和其他裝置，像是USB／HDMI端子、無線網路配備以及內建鬧鐘等。

這些林林總總就是你要檢查的裝置清單，如果你看到一臺符合所有需求的電視就會買，反之若你沒帶任何類別清單就進入店裡，就可能花上更多的時間評估電視；你的潛意識並沒有具體清單，但在你購買時最終一定有份分類，此時如果你做些思辨思考，然後了解購買分類，那就能更快地作出決定。

分類不常以書寫的形式出現，工作時的決策者也會運用同樣的過程，假設你被要求簡化流程好減少製作成本，當你了解這個問題後，總結要減除某些步驟，然後結合其他步驟、調整責任分配，並制定出一個訓練企劃。整個過程的成本將是兩萬美元，預計在兩年內可以獲得償付，接著你與主管討論了這項計畫，並創建一份決策分類清單：

- 成本少於兩萬五千美元：贊成／不贊成
- 三年內償付：贊成／不贊成
- 履行訓練課程：贊成／不贊成
- 夜班主管同意這項調動：贊成／不贊成

你重新審查了結論和分類，說「贊成、贊成、贊成、贊成」，然後你的主管可能會說「去做吧。」當然如果你回應了「不贊成」，主管可能就會說「不行」或是「在我同意之前你需要滿足這些分類的條件。」在這個時候，你可能就要回頭再調整計畫。

最好是在請求批准的對話發生前，就將決策相關的分類訂定好，因為這樣一來就不用在尋求認可的同時，還得花心思學習分類，你也能避免得回頭檢查分類，確認是否符合新的分類，接著又要再次尋求同意，重新說明整個情況。

如果沒有討論分類的對話會發生什麼事呢？這種情況會在很多場合中經常出現，好比你主管的主管的主管才是決策者，但他經常出外旅行，你便永遠無法找到對的時機跟他討論，這時你就會問自己：如果是你做決策的話，要用什麼樣的分類？愈能夠接近決策者的分類，需要的互動就更少，也能更快地做出決定。

從分類開始做起

以下是幾個要記得使用分類的場合：

- **得出結論後儘快找出決策者：問問自己分類應該有什麼，如果你能找到決策者，問問要符合什麼分類，才能獲得同意或批准。**
- **第一次就切中分類核心：千萬別帶著空白紙跑到主管身旁，請他／她列出能幫助決策的分類，對方可能會說「如果工作上合理」這樣根本無法幫上什麼忙的回應。相對地，從你自己的分類清單開始，問問主管這些分類是否正確，是否需要增加其他分類，這樣的做法不但有效，還能找出更有深度的回應。**
- **列出重要的分類：雖然擁有某些特質是好的，但分類應該要符合「贊成」的事項，如果不**

符合就會出現「不贊成」的結果。如果你要買新手機，但是黑色還白色其實根本不重要，那就別把顏色放入分類裡，如果螢幕尺寸對你來說很重要，那就將螢幕尺寸放入分類裡。

> **・思考優化重點・**
>
> 決策需要有清單，也就是一份用來協助決策的分類，如果條件相符就可以通過；我們如果沒有潛意識的清單就很難做出決定，或最終只做得出很糟的決定。

「分類」的小練習

1. 回顧你的必做清單，上頭的事項之所以留在上面，是因為你還沒有需要完成它們的需求，或是還不知道要歸類在哪個分類好完成它們，究竟是哪種分類可以使你開始行動呢？
2. 現在是星期五下午，你決定要在明天拜訪某位親戚，車程是三個小時，結果晚上十一點的新聞預告了明天天氣將不好，這樣一來，星期六早上你要用什麼分類，來決定是否要拜訪親戚呢？

3. 某位客戶要求退還一臺她剛買的微波爐，因為根本不能使用，公司規定的保固期是九十天，但是她購買到現在已有一百一十天，她解釋因為她在這期間曾出國一個月，你認為她可以將那臺微波爐帶回來店裡，然後你幫她換臺新的。當她真的帶著微波爐來到店裡時，你要用什麼條件（分類）來決定她能否替換呢？

Chapter 33
風險
Risk

風險是什麼？

因為風險這個分類經常出現，所以我們要獨立一章來討論。

風險多半會在討論正反雙方或利益兩面的對話中出現，你也知道反方或不利的一方也就是決定的負面結果，出現這種結果時我們就容易問，「會發生什麼不好或是難以預料的事情？」每個人會用不同角度看待風險，風險可能會出現的結果多半差不多，但每人的解讀不僅不同，處理風險的方法也都不一樣。因此，對某些人來說決策是「贊成」，但對其他人可能就相反。

假設有十萬美元的你正在拉斯維加斯度假，然後你決定要玩幾把輪盤。在你下注時，你會冒著可能一次輸光的風險下一萬元嗎？應該不會吧，這是你所有資產的十分之一，如果你輸了，這對你的生活會造成很大的負面影響。那麼，你會下一塊美金的賭注嗎？當然會，因為這只占你所有資產的十萬分之一，輸了這一塊錢根本無傷大雅。坐在你旁邊的玩家，是擁有十億美元的億萬富翁，對他來說來說，同樣一萬美金的賭注卻只占他所有資產的十萬分之一，如同一塊美金對你來說的價值一樣，雖然大部分的億萬富翁都很聰明，不會浪費十萬美金，但就算他們真輸掉這筆錢也無關痛癢；就統計學上的機率來看，輸掉一萬美金的機率對你和億萬富翁來說都是相同的，但輸掉這筆錢所承擔的風險對你們兩人卻大大不同，輸掉一萬美金雖然都是負面影響，但對億萬富翁來說真正負面效應與你相比少得太多了。

再講另一個例子吧，假設你在汽車產業工作，現在因為產品可能有製造瑕疵所以必須要回收，公司裡的工程師、律師和統計員都跟你說，發生災難性失誤的可能性很低，不會超過十萬分之一，而干擾性的失誤（也就是一般來說容易解決的議題）的機率也是小於千分之一，然而有人會因為災難性失誤而受傷的可能性是存在的，難道你會冒這種風險而寧願不召回產品嗎？這類數據資料當然無法讓你決定同不同意，但的確有與當前狀況不符的明確風險因素，如果真的發生什麼糟糕的事，難道你有能力可以應付可怕的媒體、訴訟或甚至個人的罪惡感嗎？如果你認為做正確的事是應該的，那麼主動召回產品是必須的動作嗎？我們評估風險時會全面地考量所有相關的因素，儘管這些因素在我們看來再平凡也不過，但因為個人看重的程度不同，根據我們對各個因素關注的比重也會不同，有些人認為太過危險的部分可能其他人覺得還好。

你是否曾對他人說過，「問了又會怎樣？」當你針對某事提出要求，例如加薪、新工作、方向、許可或甚至求婚，你也同時正冒著可能被拒絕的風險，而這會讓你非常沮喪或感到窘迫，比如說提出加薪要求時，你會擔心自己是否正毀了自己的未來。這些都是負面的想法，儘管發生的可能性低，但也不無可能，你並不怕提問，而是怕提問後的負面效果，而且之後你也不知如何整理心情，或是能否修復造成的傷害；但是這些結果帶來的正面影響也能非常重要，雖然還是有可能會有不好的結果，但你願意放膽一試。

十一種風險因素

思辨裡我們得在事情正反兩面之外來分析風險，我們要留意的是在意、害怕且不願意正視的部分，為了完成這個步驟，我們公司創建了一種因素模型，包含十一種因素在內，供你在評估風險時方便思考，並請參看下頁圖33.1。

1. 負面：當前決策產生不好結果的可能性。如果風險發生，就可以定義潛在的負面影響，職場上的負面影響可能是失去客戶、員工離職、被求償一千萬美金、或是讓對手獨占先機。從個人層面來看，負面可能是指很笨、弄丟一萬美金、斷了條腿或胳膊，或者是死亡（當然這是最終極的負面結果）。
2. 負面的可能性：舉例來說，你因車禍或被閃電擊中而死亡的機會有多大？這些情況有統

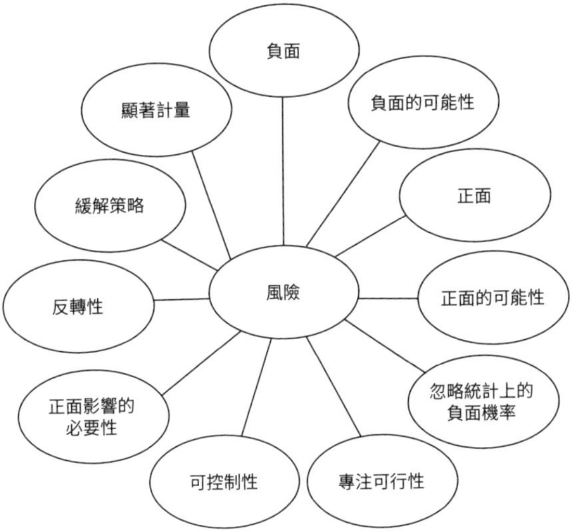

圖 33.1 評估風險

計數據可以查，但其他類別的負面事物，例如你求婚被拒絕，或是你要求加薪而被老闆開除等，這種情況就無法計算。所有的可能性都是你自己造成的，實際上這就是結論衍生出來的東西；如果你認為負面結果可能不會發生，就會在這風險上分配較少的機率，但若你認為很有可能發生就會分配較高的機率，甚至可能會避免有所行動。

3. 正面：決策帶來的益處，即你一開始會決定如此行動的理由。比如說，在另一地開店的決定可能會增加能見度和銷售量，而發表新產品的益處便是維持競爭力、擴展公司市場和增加銷售額。

4. 正面的可能性：完成正向目標的可能性，正面事物的可能性多半很高，因為如果你認為自己無法達成，一開始就會做出另一種結論了。

關於正負兩面需要注意的事：在評估風險和負面影響的同時，你也正審慎思考正面事物，如果正面影響帶來的益處不大，而負面影響卻可怕透了（儘管很難發生），你可能不願意冒險，例如，等候維修服務的正向面可以讓庫存有些許增量，但負面影響卻是造成一周無法開機工作造成大量的庫存短缺，這樣的正向面其實不值得一取。你可能曾在某間餐廳用餐卻食物中毒的經驗，相比於正面思考「這只是一頓飯」，負面影響反而非常糟糕，因此你再也不想去這家餐廳。但是如果正面影響非常重要，這種情況下即便負面影響也很慘，你仍願意孤注一擲，如果你的夢中情人約你在那間曾害你食物中毒的餐廳見面，你或許會選擇正面影響，同意在那間餐廳碰面；購買大獎價值為一億美金的樂透彩券，其正面影響相對於沒中輸掉兩塊美金來得太過強大，儘管統計上來看不建議這樣的思考方法，你還是願意賭一賭。

5. **忽略統計上的負面機率**：情感上你能否忽略統計上顯示的負面機率呢？假設你正在過馬路，雖然可能會被某輛車撞到，但你還是過了馬路。如果這條馬路是四線道的高速公路，你就無法忽略負面影響，因而選擇不過馬路；但如果這只是雙線道且有紅綠燈的馬路，你根本不會多想直接走過，在這種情況下，你就會忽略統計上的負面機率。

6. **專注可行性：**如果負面風險真的可能發生，你會有多容易（或多難）去承擔（或從中恢復）呢？假設有位顧客平常很少購買產品，每次買也只買一些，如果你決定要停止販售該項物品，就會失去這個客戶（負面風險），這個客戶只是一千五百位中的一位，他帶來的營收少到並不會有多大的改變，因此你可以承擔這種損失；但從另一方面來看，如果某位帶來公司約四分之一營收的客戶突然取消訂購，那就會是嚴重的問題，你也無法自行承擔，屆時你可能需要減少人力或甚至關店。

7. **可控制性：**你是否控制得了或你以為能控制整個情況？舉例來說，飛機失事時的風險你無法控制，但你可能有能力控制決定價格相關的風險，儘管車禍發生的數據總是嚇人，但大部分的人都認為他們能在開車時控制住狀況，像是父母會告訴剛拿到駕照的孩子說，「我知道你駕車技術很好，但你無法完全掌控路況，因為總有幾位駕駛粗心大意，所以務必要小心開車！」

8. **正面影響的必要性：**某項決定的正向風險有多重要呢？開車有風險，但如果你住在郊外，就可能需要開車去上班或是去商場，因此這風險必要存在。需求愈大，就愈容易忽略統計學上的負面風險，因為你必須得這麼做；雖然機會不大，你從這個房間走到另一個房間時，也有可能會跌倒然後撞斷骨頭，但你通常會忽略這種可能性，因為你不可能只在單一空間裡過日子，你必須移動。

9. 反轉性：如果負面的結果發生，你能反轉所做的決定嗎？如果你是跳傘者，要不要跳出飛機的決定就是無法更改的選項，你無法改變心意；但是如果你是打算購買一件新大衣，你通常能在指定期間內退還，這種決定就是完全能反轉的。

10. 緩解策略：負面結果發生後將影響最小化，緩解策略就是負面結果發生時，你打算如何應對的計畫。假設你原本要開車去場重要的會議，但車子壞了，你可能會想搭計程車、向朋友借車子或搭他便車；如果你是在軟體公司工作，某項產品出現了問題，則緩解策略就是提供一個修正檔，讓碰到這問題的客戶可以下載，修復問題。

11. 顯著計量：一種事先預測負面結果會否發生的測量方法，你或許能藉以避免負面結果出現。比如說，你正在利用百分比的計量方法追蹤程式完成的進度、某個重要的商品配送看來會延遲，這都是在預測負面情況發生的可能性，然後你便能夠重新配置來源，補償配送延遲發生，如果你沒有估測就無法做出補償。我們稱這種計量方式為顯著計量，因為如果它能事先預測出不好的結果，那就有機會改變，避免不好結果的出現。

利用十一種風險因素模型

「風險是什麼？」、「負面影響有什麼？」比起這類問題，思辨要我們說的是「我們來看看風險因素，了解這情況裡的風險是什麼」，以下範例便是工作上會遇及的風險因素。

假設在某次與客戶相關的事件中，你正在進行一個能讓各部門間溝通更好的新程式軟體，因為目前系統用量實在太大，因此這是為了縮短回應客戶的時間，並同時提供準確資訊，希望能提升支持的客戶數量。你已經設計好整個流程，用新的程式進行測試，並認為是時候能正式啟用，於是將案子呈上到委員會，但按照規定當你要啟用時必須通知他們，並宣布「我們已準備好執行新的流程和系統。」而委員會則需決定是否贊成，所以他們進一步問了風險，你則提供了下述詳細的說明：

1. 負面：我們測試後發現新程式確實可以縮短時間，但負面影響是學習曲線或許會比預計的來得長，暫時致使回覆時間較慢；此外，如果整個過程或新程式上出現錯誤，客戶可能會得到錯誤資訊。

2. 負面的可能性：我們測試了很多次，產生負面影響的機率其實蠻低，每一百個案例中，有大約十五個會用上比舊流程還要多的時間，但其他八十五個的處理時間明顯變少；而正確回覆測試上，新流程有百分之七的非準確回覆，但舊流程則是百分之十五；然而如果這些非準確回覆的學習曲線比我們預期的來得慢，或是新程式失敗，我們更可能看到回覆客戶的時間大幅增長高達百分之五十，準確性也會減少大約等值的時間。

3. 正面：我們正以此方式為更多客戶提供服務，並改善我們的回覆品質，這便對我們公司成就有更有效的影響。
4. 正面的可能性：大致上來說多虧了測試，成功的機率最高有百分之九十五。
5. **忽略統計上的負面機率**：雖然負面影響可能發生，我們有多次處理這類重複情況的經驗，另外如果發生其他狀況，我們也有緩解計畫以備不時之需，每年總會發生幾次，儘管這些情況可能有點複雜，也僅是例行個案，所以不會有太大影響。
6. **專注可行性**：如果負面影響真的發生，比如回覆客戶時間變慢或是程式無法使用，我們就會執行緩解策略；為表歉意我想寄送道歉郵件給客戶應該足夠，因為我們有非常完善的忠實客戶服務，所以應該不至於影響公司的服務品質。
7. **可控制性**：我們策略是針對不同類型的客戶群執行新流程，而且不會一次就做完，這方式讓我們減緩首次執行的速度，並有時間觀察結果；此外我們也有訓練計畫和 SME，隨時準備提供協助。
8. 正面影響的必要性：接下來的十二個月內，我們預期能增加百分之二十的客戶，這是現有系統做不到的目標，因此，如果我們想持續增加客戶，就是利用這個新流程和程式。

9. **反轉性**：雖然我們可能無法改變公關上的最低傷害，但是我們備有方案，可以停止繼續損害，也能在出錯時短暫返回使用舊系統。

10. **緩解策略**：如果負面影響發生，我們可以先了解這是否為學習曲線或是程式出錯的結果，如果是程式出錯還能返回舊系統直到程式修復為止；如果是學習曲線的問題，我們可以添加資源予以平衡，減緩執行成果，使所有人有更多時間學完全部，我們同時也有經過完備訓練的 SME，他們對新系統的熟練經驗能為需要的人提供協助。

11. **顯著計量**：我們隨時監控著資料和統計數據，並比對新舊系統的監控時間與準確性，如果有任何部分出現異常，我們能在造成無法控制的後果前先留意到，對於這種提前示警系統我們很有信心，因為先前也成功執行過。

根據上述的風險分析報告，委員會於是說：「看來這個計畫的益處（正面影響）很大，雖然分析有提到風險，但你對風險的瞭若指掌讓我們信心十足，我們也認同你會一邊預防一邊緩解風險發生時的措施，這個計畫很周全。」這樣一來，你就拿到批准的門票了。

現在我們來看看一些更基本、你可能還沒想過的事：「呼吸的風險。」畢竟你可能會感冒、會生病，或是有很嚴重的過敏反應。

1. **負面：**有嚴重的過敏反應，或呼吸時嗆到，或是得到某種疾病的末期。
2. **負面的可能性：**我們經常會感冒或得到流感，有時罹患更嚴重的病也不無可能；一年內你得到感冒或流感的機率可能是三分之一，嚴重一點的病機率較低。
3. **正面：**當然呼吸的正面影響就是可以活著。
4. **正面的可能性：**每次的呼吸都有非常高的正面可能性，但從你的呼吸，你能知道自己會不會感冒或得到流感，如果每分鐘你能呼吸二十次，那一年內你大約呼吸了一千萬次，如果一年內你感冒兩次，那負面影響（感冒）的可能性就是一千萬分之二，所以呼吸絕對值得。
5. **忽略統計上的負面機率：**一般來說我們根本不會去思考呼吸到什麼，直到我們為了健康檢查去看醫生，發現診所內每人都在咳嗽和打噴嚏，或者是新型的流感疫情爆發，你去機場時會發現人怎麼這麼少。
6. **專注可行性：**在你感冒或得到流感之後身體多半會變得很好，你可以專注在幾天未完成的工作上，當然如果你年齡很大、因為某種病而很虛弱、或是在努力向病魔抗戰，就可能很難做到；這些因素可能對你的家人和你自己帶來很大的影響。

7. 可控制性：維持健康、吃的好、避免接觸到生病的人、公車上坐你旁邊的人一直咳嗽就換位子，隨時留意自己的免疫系統；這些行為可以降低你罹患疾病的機率。
8. 需求：你絕對需要呼吸，如果你沒有呼吸就無法生存，你也不可能潛意識地停止呼吸很久！雖然風險因素確實存在，但你會一直贊同呼吸是一定要做的事。因此，雖然有其他會影響你行為的原因，但它們並不會讓你決定不要呼吸，這種絕對必要性遠遠勝過其他因素。
9. 反轉性：你生病了也沒有挽回的餘地，你也不可能永遠不生病，你能做的只有治癒（或不要治癒）。
10. 緩解：一旦你覺得身體不舒服，你可以服用抗生素或抗病毒的藥。
11. 顯著計量：隨時測量體溫，這行為雖然無法預防你生病，但可以當作是個預先警示系統，得以儘早就診治療；你也能從新聞上聽到關於流感暴發的疫情消息。

什麼事會非常危險？

當有人宣稱某事物非常危險時，那個人便是以自己的個人量測上標籤，他認為這種風險並不能帶來好處，因此不能給出贊成的決定，所以他不贊成。

此時你需要了解的是他們如何評估風險因素，並深入釐清為什麼這是危險的，方法就是用簡單的決定來一一瀏覽這些因素，像是騎腳踏車、吃塊大片巧克力蛋糕、離開現在的工作去別家公司，或是走這條橋跨越深谷等。當你了解如何利用這些風險因素後，就能用來做為基礎，在評估真正的工作問題時就可以運用，比如說你評估特技跳傘確實會有很高的風險，但如果與某項工作上能夠比較的風險相比，這類風險較不難避免；另一方面，如果就你看來特技跳傘的危險性很低，那你在看工作決策時其風險就會相對更低。

從風險開始做起

以下是使用分類和評估風險的幾點想法：

- **列出分類時，風險都會出現在清單上：儘管決策者無法解釋為什麼會對風險因素感到不安，他／她仍會對任何重大決定評估風險；與決策者一同檢視各個風險因素，找出不安從何而來，才能進一步處理。**
- **探討風險是應該要做的事：就算是自己得獨立完成某件事，也應該要檢視風險，因為質大於量所以風險因素需要處理；這樣一來，你就能理解自己為何無法單純理性地考量這個決**

定。

- **提早檢視風險：雖然決定往往會在結論後出現，但在結論出現和你要檢查所有細節之前，請記得看看風險的部分，因為你不會想要在決策者面前請求批准時，才進行第一次關於風險的討論。**

・思考優化重點・

決定的分類永遠都有風險，藉由潛意識裡對風險和其因素的評估，你可了解你和其他人感到不安的原因。這樣一來，你也有機會能進一步討論風險。

「風險」的小練習

1. 高空彈跳時你覺得風險是什麼？為何你甘願或不願冒這個險？在你找到新工作前就離職的風險又是什麼？

2. 評估喝一杯酒後駕車的風險，如果是喝兩杯呢？又或三杯或四杯？

3. 如果你正進行一項會影響到客戶的計畫，評估將計畫介紹給客戶後，會有什麼風險。

4. 老闆指派你處理一項龐大又複雜的新計畫，她問你「要花多久的時間？」當你了解計畫，可能也利用三角式思考評估了時間，你答：「我需要四個月才能完成」老闆說「那太久了吧。我們三個月內就需要它」如果你打算說好，要承擔什麼樣的風險？

5. 你已經快要讀完這本書了，若想運用書中介紹的一些技巧會有什麼樣的風險？（提示：基本上來看應該沒有風險，特別是與讀完本書後會得到的驚人效益相比！）

Chapter 34 決策的總結
Summary of Decisions

行動吧！

執行結論之前的最後一個步驟就是決策，也就是「要做還是不做」，如果決定是贊成，大家就會有所行動並執行結論。決定一項決策，得從找到決策者（誰）開始，確保有決定的需要，然後決定何時需要決定，更重要的是，找出決策者的分類，如果有符合分類那就離贊成不遠了；而風險則是所有分類中最重要的一個。

我們之所以能夠很快做出決定，是因為我們已在釐清和結論兩個階段中做完所有該準備的工作，如果你發現自己很難做決定，那就是前面提及的因素有一項尚未明確，或你還沒有找到最清楚的結論。決策並非像是「我該買藍色還是紅色？」的問題，而是「我決定要買紅色，但我該不該現在就買？」如果你仍想找出該怎麼做，就回到結論的階段再仔細想想。

你可能聽到有人重新考慮過某項決定，甚至你也曾這樣做過，這種行為會在你做好決定後又想重新思考時出現，當決策的分類不夠完善時也會發生這種情況。當你做出決定後，決策者通常會想得比較多，並且找出其他分類，使決策變成贊不贊成的問題；藉由仔細檢查和討論分類就能避免這種情形發生。

- 從何開始
- 在尋找決定時想想以下的問題和建議：
- 決策者確定是我嗎？
- 決策者是否知道他／她自己是決策者？
- 我能否說明這個決定有工作上的需求？
- 決定決策的日期是哪一天？找出理由讓決策必須在那天確定，像是時間因素等，比如說要搭上這班火車的決策，如果未能在火車出發前決定好，就會自動做出不用動作、不用同意的決定。
- 避免無法決定的決策，這種就是自動不贊成的決定，因為機會來臨時沒有把握，所以也自然不會做出什麼行動。
- 決策者自己會有他／她用來評估同不同意的分類，協助決策者寫下分類。
- 練習檢查風險因素，看看自己如何看待這些因素，當決策者開始考量風險時，你就要做好進行討論的準備。

結束了嗎？

現在你已經很清楚明瞭，你也找到解決問題的結論，而現在也已經做好繼續前進（同意）的決定了，如果我們將「結束」定義為「以思辨的方式思考問題，並從釐清到決策都做完」，那答案便是「沒錯」，到此就是結束了。然而在我還有一些對你的警告需要注意，抱歉啦！

結論的階段你提出了假設，在你履行解決辦法時，最好要定期檢查假設是否仍舊是好的那個，如果檢查時卻無法驗證，那此時的結論可能就不是好的結果，你得重新檢查後續的決定。

比如說你拿到某地營業許可，而對手還沒拿到時，你決定要去其他據點拓展事業，因為對方可能還需五年才能拿到執照，你等於多了幾年可以占領優勢。當你決定要這樣做後就開始處理租賃契約，某日你剛好看到一則公告（觀察），發現你的對手取得執照了，它的母公司在這幾個新的州取得執照，也準備要拓展公司；這項新資訊正好驗證你的假設無效，讓你對結論失去信心，本來決定要做的事，也不再像當初說服你的人所說的那樣有很大效益，於是你只得停下腳步，暫時停止原先的計畫，重新審視決定，結果你發現結論中原來的前提也因而弱化。

決策固然會使事情繼續發展，儘管不能保證你絕對無法走回頭路，但思辨的方法能大大增加可能性，使你能更有決斷力做出更好品質的決策，並產生有效且成功的結果。

結語

思辨的精要與更多建議

「思辨」的總結

思辨是指了解問題，並找出如何應對的結論，接著決定開始行動；本書介紹了許多工具和技巧，供你在這一段過程中能運用得宜。

每一個人都能做到思辨，雖然對某些人來說自然地多，但每個人都可以利用前幾章介紹的工具和步驟，來改善自己的問題解決和決策結果。思辨裡最重要且最關鍵的一步就是「開始」。

就像任何新學的技能一樣，思辨也需要練習，我們每天可以利用五到十分鐘來練習，思考你每天會想的事物，像是寄發電子郵件、檢查必做清單，或找出你可能要出外用餐，或是晚餐要吃什麼。從前面介紹的工具中選一個開始練習，然後每次只添加一項工具一起練；不管是你還是其他人，沒人指望一定要每天都使用這些工具，思辨這個技能很簡單，但也不是非做不可，你可能會在碰到龐大且複雜的問題時才會使用一項或多項的工具，但大多時候幾項工具就夠用了。

對管理階層的小提醒：你有能力帶領公司員工一起運用思辨，你只需要做到讓思辨變成必要之事。堅持簡報必須要有產生結論時的思考過程，在員工會議上運用思辨，讓思辨步驟成為每個人的目標，此外，將思辨整合在你的重要過程中（補充：人勢必會跟隨流程走，思辨就是這過程的一部分，這樣做會促使他們一定要用到思辨）。把自己變成思辨的系統，這樣一來，員工的成長績效對你和公司來說就是最終的獲益。

對企業主管、經理人和總監們的小提醒：你可以利用思辨來大力影響整間公司，為你的員工擔任思考教練，一天一次問他們「那又如何」，讓員工動腦思考；針對你自己的問題解決和決策運用思辨，向上級呈報時也能用思辨的工具。此外，以全面性的前提來影響高階主管，並且和組員一起使用思辨來找出創新的解決辦法，你的領導能力絕對會提升且表現更好。

對每個人的小提醒：改善自己的問題解決和決策技巧能使工作績效有所成長。你可以提出更有建設性的建議，使工作更有效率，且工作品質也會提升。和同事一起使用思辨，與主管一起釐清問題，並要懂得提問。請記住，你需要讓主管知道為什麼你會問他原因，不論你的職涯目標是當上主管還是管理職，思辨可為你帶來助益，還能使你更能得心應手地處理眾多事物，有更好的工作表現。

思辨——現在就開始吧

從清空籃子開始，讓你的思考從正確的起點出發，想想以下的建議：

- 第一種建議：從檢查和撰寫電子郵件開始做思辨練習，這不僅簡單有效，還能幫助你了解思辨的優點在哪。寫封電子郵件，在點擊「送出」之前，問問自己「我現在發出去的內容夠不夠明確？對方會不會誤解我寫的內容？」這樣一來你就獲得了三種好處：

第一是將郵件內容變得更簡潔有力，因為釐清通常只要短短幾句話就能完成；

第二種，使想法更加清晰且更有頭緒；

第三也是最重要的，讓他人更容易理解你的電子郵件，結果會更好。

如果今天你發送了一封不明確的郵件又會發生什麼事？收信者將問你更多的問題，而你必須回答，最後反而要用來回三封而非一封郵件來說明清楚。這時也可想想，如果今天你不僅寫了封不明確的郵件，還將副本寄送五個人時會發生什麼情況？更糟的是寄送出去後沒有人問問題，反而都自行解讀了內容呢？想像一下如果一天只需要檢查三封重要郵件時能獲得的效能吧。

- 第二種建議：持續在小的任務和問題上使用思辨：

電子郵件：檢查，問問「為什麼」。

會議邀請：詢問需求和為什麼。

要求：檢查要求，然後問問為什麼需要它們？它們為什麼如此重要？

優先事項：訂定優先事項時，問問需求是什麼，以及「那又如何」。

- 第三種建議：記錄你的回應。當你問自己「為什麼」、「那又如何」或是關於需求或做檢查的時候，寫下自己的回應。你是否曾想過，自己的想法雖然清晰卻很難寫出來？當你需要寫出來時，你也同時迫使自己重新整理出更清楚的思路。
- 第四種建議：在你尋找解決辦法，且認為你有好點子時，問問自己「我做的假設是什麼？」以及「為什麼我要提出這種假設？」
- 第五種建議：不論碰到多複雜的問題，避免在思辨上花上超過兩小時的時間，因為這樣想只會讓你更累。此外，讓你的大腦有餘力做其他事，思辨一下就去做運動、或是睡覺，隔天早上再繼續，這樣一來事情不但會更清晰，至少你可能會發現更多處理問題的辦法。
- 第六種建議：如果你只有十分鐘可以做思辨，問自己下列問題：

是否清楚現在的情況？

我能提出什麼假設？我能利用什麼事實、觀察和經驗來建構假設？

總結時問自己「我是如何找到結論的？」

要利用什麼分類來決定做不做？

- 第七種建議：如果能力許可的話，與其他人一起思辨，彼此提問且聽取各自的回應，這可以刺激出新的問題和想法，當然若你已經自我訓練到可以回答艱難的問題，你也能自行獨立完成思辨。
- 第八種建議：練習思辨最好的方式便是成為思考教練。身為思考教練你只需要提問，聽取他人的回應然後提出更多問題，記住這些問題，並在自己需要思辨時拿出來問自己。
- 第九種建議：在工作上使用思辨之前與主管討論一下，讓他／她知道你為什麼會問出這麼多問題。
- 第十種建議：了解你自己的需求再進行思辨，就像你在第八章〈需求〉中讀到的，如果你想解決某個問題，最好是了解為何需要解決它；這就跟執行思辨時一樣需要有所運作，所以如果你沒有思辨的需求，那何必要這樣做呢？

最後，請你想想為什麼你會想讀這本書呢？什麼原因讓你想這樣做？為什麼你想提升自己問題解決和決策能力呢？你是否有更多的責任，或想當一位更有成就的領導人物？了解「為什麼」，再去理解為何有這個「必要」，可能這是你的個人目標、公司的目標或是主管的目標；對自己許個承諾然後嘗試使用這些方法吧，你會對成果感到滿意，甚至還想嘗試更多可能！

．思考優化重點．

「聰明的思考」是指更有智慧地運用你的大腦，思辨則是一套工具組合，讓你可以更聰明地解決問題、決策以及發揮創意；這並不難，但是思辨需要不斷練習和訓練，從小的事物開始練習，慢慢運用到重要的問題上。

謝辭

不論如何，在此我特別感謝我的家人，還有寫書過程中我始終謹記在心的——謝謝妳們，我摯愛的女兒芮貝卡、蕎丹和茱莉亞，她們經常提供我很多意見和想法，讓我跟著這些想法一同學習，一同思考。當然還要特別感謝我的妻子史黛芬妮，感謝她這麼多年來忍受我一堆永無止盡的問題，還有她在二十二年前給我的最重要的答案——「我願意。」

謝謝我的編輯史蒂芬．史密斯（Stephen Smith），感謝他解讀和翻譯我腦子裡的東西，讓這些東西經過來回修改，最終以可閱讀的形態出現。

另外特別感謝幾位我的客戶，感謝他們這幾年不斷地追問我：「書在哪？」

最後，感謝本書英文版出版社（John Wiley & Son, Inc.），謝謝他們找到我，並鼓勵我在工作清單上劃掉「寫一本書」，讓我真的出了一本，也特別謝謝我的企劃編輯克莉絲丁．摩爾（Christine Moore），她提供的建議和鼓勵著實讓我收獲良多。

思辨的檢查

有效解決問題的終生思考優化法則

大寫出版 Briefing Press
書系：知道的書 Catch-on　書號：HC0047
著者：麥可・卡雷特（Michael Kallet）
譯者：游卉庭
行銷企畫：王綬晨、邱紹溢、陳詩婷、曾曉玲、曾志傑
大寫出版：鄭俊平
發行人：蘇拾平
台北市復興北路 333 號 11 樓之 4
電話：（02）27182001　傳真：（02）27181258
發行：大雁文化事業股份有限公司
台北市復興北路 333 號 11 樓之 4
24小時傳真服務（02）27181258
讀者服務信箱：E-mail: andbooks@andbooks.com.tw
劃撥帳號：19983379
戶名：大雁文化事業股份有限公司
初版十三刷：2020 年 9 月
定價：新台幣二八〇元

ISBN 978-986-5695-11-8

大雁出版基地官網：www.andbooks.com.tw

國家圖書館出版品預行編目（CIP）資料
思辨的檢查：有效解決問題的終生思考優化法則／麥可・卡雷特 (Michael Kallet) 著；游卉庭譯
初版－臺北市：大寫出版：大雁文化發行，2015.10
300面；15*21公分（知道的書 Catch-On；HC0047）
譯自：Think Smarter : critical thinking to improve problem-solving and decision-making skills
ISBN 978-986-5695-11-8(平裝)
1.企業管理 2.思維方法
494 104015874